乗用車用ガソリンエンジン入門

林　義正

グランプリ出版

本書復刊に関して

　本書『乗用車用ガソリンエンジン入門』は1995年（平成7年）に弊社で編集・刊行したものです。著者の林義正氏が，エンジニアを目指して大学で学ぶ学生たちのための入門用テキストとして執筆した本でしたが，実用エンジンとしてもっとも先進的な技術が導入されている乗用車用エンジンについて詳しく解説された本は他に類がなく，学生のみならず，自動車を好きな一般読者はもちろん，自動車メーカーで働く技術者などにも幅広く読まれ，活用された技術解説書です。

　初版発行から10年以上がたちましたが，いまも，本書を求める声が弊社に数多く寄せられていることから，著者の林氏の了承のもと，復刊を企画しました。

　復刊に際しては，林氏に依頼して内容の確認を行い適正な修正を施し，さらに装丁を一新した新装版として，新たに刊行することにいたしました。

2018年　グランプリ出版　小林謙一

はじめに

　本書の初版は企業でのエンジン開発現場から，大学の教育現場に移ったときに工学教育に危機を感じ，一気に書き下したものである。将来，エンジニアとして研究開発を夢みる学生たちが使っていた教科書は，あまりにも古い技術が取り上げられていた。例えば，最大ピストン速度は10m/sが限度，シリンダー内の火炎伝播速度は20数m/s，キャブレータやディストリビューターの説明はあるがＥＧＩには触れられていない。

　入門用のテキストのつもりであったが，エンジンの開発に携わっている方からも活用しているとのお言葉をいただき，復刊を決意した。エンジンの技術に興味のある方，さらには広くクルマ関係の仕事に携わる方にも興味をもっていただける内容である。さらに専門的な知識を有している人にとっても，エンジン全体を広く理解するのに何らかのお役に立つと考える。

　エンジン設計者の観点から，なぜこのような形状や構造になるのかを，図や写真を使って多角的に述べている。エンジンはもっとも複雑な総合機械であり，機械工学の４力学や材料学，制御工学を駆使して開発される。また，抽象的な学問である熱力学もエンジンのあるべき姿を考察するのに不可欠であり，実際の現象と対比して理解しやすくなるように工夫した。なお，エンジンの技術は広範囲におよぶため，インジェクターや燃料ポンプなどは完成品とみなし，システムの一部として取り上げるのにとどめた。

　本書の初版が出た1995年の秋頃には，従来の工学単位からＳＩ単位への移行期であった。そこで，一足早くＳＩ単位に統一するかどうか迷ったが，まだ工学単位に慣れている方が多いと考え，敢えて工学単位を使うことにした。本書でとくに多く使用した工学単位からＳＩ単位への換算表を27ページの表1-2にまとめている。

　私は，モータリゼーションの黎明期に日産自動車(株)に入社し，幸運にも研究開発畑を歩むことができた。名神，東名高速道路の開通や鈴鹿サーキットなどの誕生がトリガーとなりエンジン高出力化技術の開発，大気汚染が問題化すると排気の清浄化，騒音規制の強化に対応し騒音振動低減技術の開発，モータースポーツブーム

が訪れると，当時人気のグループＣカー用の予選時には千馬力を越えるＶ８のターボエンジンの開発に携わることができた。いずれの開発においても理論的に追求し，成功体験を反芻して，既成概念にとらわれない発想を加えれば，次の難題でも必ずブレークスルーできることを学んだ。

　本書が少しでもお役に立てれば幸いである。

林　義正

目　次

序論 9

第1章　自動車用エンジンの概要 14
1-1. エンジンの変遷 14
1-2. レシプロエンジンのサイクル論 19
(1) オットーサイクル 20
(2) ディーゼルサイクル 24
(3) サバテサイクル 25
1-3. エンジンの性能や特性を表わす評価尺度 ... 26
(1) 力と仕事と仕事率 26
(2) トルクと出力およびこれに関連する諸特性 ... 28
  - ① トルクと仕事と仕事率 29
  - ② 正味と図示と摩擦損失 29
  - ③ 正味平均有効圧 31
  - ④ 図示平均有効圧と摩擦平均有効圧 33
  - ⑤ 正味平均有効圧と軸トルク 35
  - ⑥ 図示平均有効圧と図示馬力 36
  - ⑦ 機械損失と機械効率 37
  - ⑧ 熱効率と燃料消費率 38
  - ⑨ 2サイクルの場合 40
1-4. エンジンの性能に影響を与える諸因子 41
(1) エンジンに関連するもの 41
  - ① 吸入効率 41
  - ② 燃焼特性 44
  - ③ 圧縮比 46
  - ④ 空燃比 47
  - ⑤ 点火時期 49
  - ⑥ 冷却水温度 50
  - ⑦ 回転数 51
  - ⑧ フリクション 52
(2) エンジンの運転環境に関連するもの 53
  - ① 大気圧，温度，湿度 53
  - ② 排圧 54
(3) 熱力学的な考え方 55

第 2 章　エンジンの構造および性能追求　　　59

2-1. 本体構造系　　　61
⑴シリンダーブロックと主軸受(メインベアリング)　　　61
　①曲げ，ねじれ剛性の確保　　　63
　②ハーフスカートとディープスカート　　　64
　③クローズドデッキとオープンデッキ　　　66
　④モノブロックとライナー入りブロック　　　67
　⑤サイアミーズドシリンダー　　　69
　⑥シリンダーヘッドボルトの配設　　　70
　⑦メインベアリング　　　72
　⑧ウォータージャケット　　　74
　⑨シリンダーブロックのバランス　　　74
⑵シリンダーヘッド　　　76
　①燃焼室　　　80
　②吸排気ポート　　　87
　③バルブシートとバルブガイド　　　90
　④カムベアリングとタペットチャンバー　　　91
　⑤ウォータージャケット　　　93
　⑥シリンダーヘッド全体の強度確保　　　95
⑶ヘッドカバーとオイルパン　　　96
　①ヘッドカバー　　　97
　②オイルパン　　　98

2-2. 主運動系　　　101
⑴ピストンとピストンリング　　　101
　①ピストンおよびピストンピン　　　101
　②ピストンリング　　　106
⑵コネクティングロッド　　　110
⑶クランクシャフト　　　114
　①剛性　　　116
　②軸受荷重とフリクション　　　117
　③つり合い　　　119
⑷フライホイール　　　123
⑸クランクプーリー　　　127

2-3. 動弁系　　　129
⑴バルブ　　　130
⑵バルブとアッパーリテーナーとの結合　　　132
⑶バルブスプリング　　　133
⑷バルブオイルシール　　　136

⑤タペット ... 137
⑥カムシャフト ... 139
　①バルブの作動特性 ... 140
　②カムシャフトの強度 ... 144
　③動弁系の潤滑 ... 146
⑦カムシャフトの駆動 ... 147
⑧ロッカーアーム式のバルブ駆動 ... 149
2-4. 吸排気系 ... 150
　⑴吸気系 ... 151
　⑵排気系 ... 159

第3章　エンジンのサブシステム ... 163
3-1. エンジン制御システム ... 163
3-2. 吸排気システム ... 167
3-3. 冷却システム ... 171
3-4. 潤滑システム ... 178
3-5. 点火システム ... 182
3-6. 過給システム ... 185

第4章　エンジンの性能とマッチング ... 194
4-1. 定常性能 ... 195
4-2. 過渡性能 ... 199

第5章　排出ガスの清浄化と騒音低減 ... 202
5-1. 排出ガスの清浄化 ... 202
　⑴排気中のHC，CO，NO_xの低減 ... 203
　⑵ブローバイ対策 ... 209
　⑶燃料の蒸発損失対策 ... 211
5-2. エンジン騒音の低減 ... 212
　⑴エンジン騒音発生メカニズム ... 212
　⑵騒音低減対策 ... 219

序　論

　人間が自分の体力以上の労働をしてくれる機械，すなわち原動機を発明したことによって人々の生活が豊かになった。原動機を使用することで人々は重労働から解放され，楽をしながら速く，また重い物を遠くへ運べるようになった。そして，陸や海や空を制し，さらに宇宙へと発展を続けている。エネルギーを仕事に変換する原動機が，人間社会に与えた影響は非常に大きいものがある。

　一方，少しでも軽く物を移動させる手段としてコロが考え出され，車輪が使われ始めた。ピラミッドや万里の長城が構築されたときにも車輪が使われている。かつてモーターショーのポスターなどに，筋骨のたくましい男が木製の大きな車輪を全身の力を込めて，まわしている絵があった。それは，車輪が人間の生活に欠かすことのできないことを象徴しているものとして使用された（図1）。

図1．人間と車輪の永遠の関係を訴えるポスターに使われたイラスト

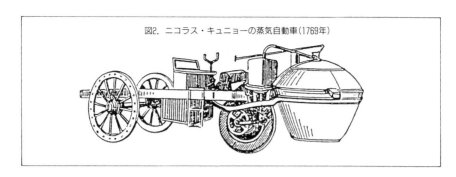
図2. ニコラス・キュニョーの蒸気自動車(1769年)

　自動車は，道路運送車両法や道路交通法あるいは日本工業規格(JIS)などで定義されているが，いずれも原動機を用いることを条件としている。とくに前の二つの法律によれば，軌道や架線を使わない原動機と規定し，さらにJISでは，舵取装置があり，乗車して地上を走行できる車となっている。つまり，何らかの原動機が必要で，かつ自動車自身にエネルギー源を備えていなければならない。

　この定義に基づいて自動車を考えてみると，16世紀頃に考案された帆かけ車などは，この範ちゅうには入らない。1769年にフランスのニコラス・キュニョーが製作した蒸気三輪車が，自動車の形態を整えた最初のものであろう(図2)。蒸気エンジンであれば，燃料は石炭や薪などかなり自由に使うことができるが，見方を変えるとエネルギー源に鈍感であることは，それだけ尖鋭化されていないことを意味する。それから100年以上後に，モーターによって車輪を駆動する電気自動車が出現している。1893年に英国のアンダーソンが電気自動車を製作したが，この動力源では自動車を広く実用化するには至らなかった。

　自動車の発展の大部分はエンジンが牽引している。19世紀の終わり頃から小型・軽量でパワーがあり，取り扱いが楽で，しかもエネルギーの携行が容易な内燃機関が次々と発明され，自動車への適用が試みられた。その中で，現在，自動車用の原動機としてもっとも多く使用されているガソリンエンジンのルーツは，1876年にドイツのニコラス・アウグスト・オットーが発明した4サイクルエンジンにさかのぼることができる。続いて，英国のクラークが2サイクルエンジンを製作している。4サイクルのガソリンエンジンを搭載した自動車を最初に製作したのは，ドイツのゴットリーブ・ダイムラーで，1885年のことであった(図3・図4)。

　一方，日本では，1903年に輸入されたガソリンエンジンを搭載した自動車がつくられ，翌1904年になって純国産の蒸気自動車が製作されているのは興味深い。1907年には内山駒之助らがガソリンエンジンを載せた乗用車であるタクリー号を発表し

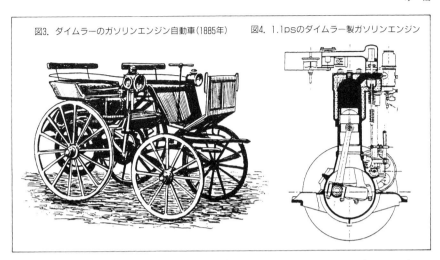

図3. ダイムラーのガソリンエンジン自動車(1885年)　図4. 1.1psのダイムラー製ガソリンエンジン

ている。また，ガソリンエンジンについで広く用いられているディーゼルエンジンは，1892年にドイツのルドルフ・ディーゼルによって発明され，1936年にベンツが乗用車に搭載した。1908年にはヘンリー・フォードがガソリンエンジンを搭載したT型フォードの量産を始め，今日の自動車工業の基礎を築いた。レシプロエンジン以外の原動機としては，1950年にローバーがガスタービン車を発表し，また1959年にはNSU社とバンケル社が1ローターのロータリーエンジン搭載車を製作している。

　自動車が備えなければならない最大の条件，原動機の発明と採用開始を中心に，その歴史を述べてきたが，熱を仕事に換える機械，すなわち熱機関を体系的に分類すると図5のようになる。

　他の書物にも述べられているので図の詳細は省略するが，本書で述べるガソリンエンジンはエンジンの中で燃焼が行われ，ピストンの動きによって間欠的な燃焼をする。また，その燃焼は点火プラグに電気的な火花が飛んだ直後に開始する。後に述べるが，自動車用ガソリンエンジンにおいては正確で速い燃焼が，性能，燃費，排気対策などの面からもっとも重要であるといえる。この型式のエンジンのことを

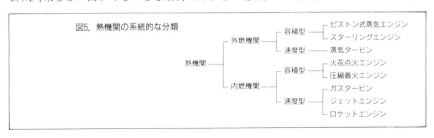

図5. 熱機関の系統的な分類

火花点火（Spark Ignition）のイニシャルをとってSIエンジンということもある。

自動車用原動機として具備すべき条件として，

1. 原動機の大きさや重量に対し，出力が大きく搭載性に優れていること。
2. エネルギーの仕事への転換効率が良いこと。
3. 低公害性であること（排気，騒音，廃棄物，製造工程を含む）。
4. レスポンスが速く，始動が容易ですぐに大出力を発生できること。
5. 車載が容易なエネルギー源を使用できること。
6. 原動機および使用エネルギーのコストが低いこと。
7. エアコンディショナー，ブレーキブースター，パワーステアリングなどで使用する動力を豊富に常時取り出せること。
8. 振動や騒音などが少なく，乗員の快適性に優れていること。
9. 耐久・信頼性に優れ，安全であること。

などが主なものである。このように述べると，現在の自動車用エンジンはすべてを満たしており，完成しつくされたように見える。しかし，これらの特徴は長い発達の歴史の中で一つずつ技術が積み上げられ，変化しているのである。たとえば，排気問題がクローズアップされる直前には，ガソリンエンジンの燃焼については研究しつくしたといわれたことさえあった。しかし，未燃焼炭化水素（HC）や燃焼によって必ず生成する窒素酸化物（NO_x）の低減の視点から燃焼が見直され，さらにオイルショックを経験することにより燃費の良さと排気の清浄化を両立させる技術が生まれた。さらに地球温暖化問題がクローズアップされ新たな観点から総合的な熱効率の改善が急速に進んだ。

ここで，ガソリンエンジンが時代のニーズにしたがって変化し，それに対応していった過程を日本の状況について述べることにしよう。

第二次世界大戦が終わり，やがて勃発した朝鮮戦争が終結すると，市場にガソリンが出まわるようになってきた。ここで現代のモータリゼーションは黎明期を迎える。図6のように当初は，エンジンは基本的な使命として牛や馬に代わって仕事をすればよかったが，社会の成長とともにそのニーズに応えるため，技術が高度化していった。社会情勢が落ち着くと安全・安定を欲する時代となり，これが，始動が容易で確実に作動するエンジンを求める引き金となる。そして，国民車構想が打ち出されると，小排気量の安価なエンジンが求められることとなった。名神高速道路に続いて東名高速道路が開通すると，高速で連続走行することが必要になった。一方，1963年（昭和38年）に鈴鹿サーキットで第1回日本グランプリレースが開催され

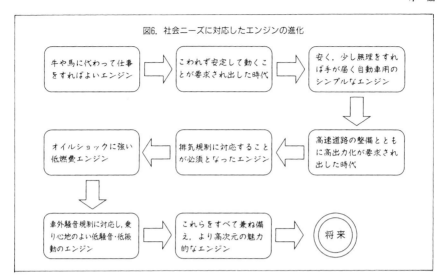

図6. 社会ニーズに対応したエンジンの進化

ると，自動車メーカー各社は競ってスポーツセダンを開発したが，これもユーザーの関心が高性能車に向けられたからである。

続いて，北米において1966年型車から（輸入車は1968年型車から）排気規制が適用され，日本においてもアイドリングの一酸化炭素（CO）のみの規制から，市街地走行モードの未焼燃炭化水素（HC），さらに窒素酸化物（NO_x）を加えた総合的な規制が実施された。1973年（昭和48年）から78年（昭和53年）にかけ，排気規制は段階的に強化されていった。

この排気規制をクリアするために，いろいろなエンジンや排気対策システムが開発されたが，第1次オイルショックが排気対策によって燃費が悪化するのを制することになる。すなわち，排気と燃費の両立が必要になったのである。続いて車外騒音規制が施行され，段階的に強化され，また自動車の商品性の向上の点からも騒音や振動が小さいことが求められた。

現在は来たるべき情報社会への変化の波が大きく押し寄せて，社会生活そのものが著しく変貌をとげつつあり，自動車にも差別化が求められている。当然，エンジンをまとめるにあたっても一貫した思想と技術が求められるようになっている。社会ニーズによってエンジンは急速に進化し，技術はますます高度化しているが，その基本的な思想は普遍である。

本書では量産用としてはもっとも先進的である乗用車用のガソリンエンジンを主体に，その技術および開発の思想について探究する。

第1章　自動車用エンジンの概要

　前にも述べたように，エンジンは熱エネルギーを仕事に換える機械である。機械であるからには構造と機能があり，一方，熱エネルギーを仕事に変換させる際の性能がある。また，エンジンの構造においても出力を発生させるのに必要なシリンダーヘッド，ブロック，クランクシャフトなどの本体構造（本書ではエンジンとして一体となっている動弁系と吸排気マニホールドはここに入れる）と燃料供給系，点火系，制御系，冷却系，潤滑系，吸排気系などの各システム，およびエンジンを動かすのに欠くことのできないオルタネーター，スターターや先のシステムの中に含まれているがウォーターポンプ，オイルポンプなどの補機類がある（図1-1）。

1-1. エンジンの変遷

　エンジン全体を理解するために，自動車用の一般的なガソリンエンジンの進化を特徴的な構造面から追ってみる。エンジンの構成部品のうち，性能ともっとも関係が深いのがシリンダーヘッドであるといっていい。その中でも燃焼室の形状がエンジンの特性を方向づけるキーになるものである。すなわち，燃焼室の形状が決まれば吸排気バルブ径，ポートの太さや傾き，点火プラグの位置やボア径などがおのずと定まってくる。いかに多量の空気を吸い込み，燃料を効率良く燃やして最適のタ

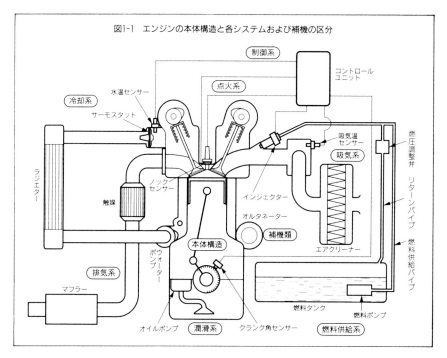

図1-1 エンジンの本体構造と各システムおよび補機の区分

イミングに熱を発生させ，作動ガスの温度すなわち圧力の上昇に使うかが大切である。それは燃焼室のもつポテンシャル次第なのである。

　後で述べるが，燃焼室は高速化による性能向上のポテンシャルを秘めている。したがって，燃焼室の形状を比較すればエンジンの性能を大まかに区分することができるが，先にも述べたようにバルブ配置と燃焼室の関わりは大きい。図1-2にバルブ配置と燃焼室の変遷を示す。

　エンジンをバルブの配置とその駆動のためのカムシャフト位置や数によって分類すると，サイドバルブに始まり，OHV，OHC，DOHCと変化してきた。

　サイドバルブ式はバルブの駆動が直動であり，部品の点数が少ない。バルブ駆動の面からは高速回転が可能のように見えるが，燃焼室がボアよりオーバーハングするほど大きく，点火プラグから燃焼室の隅までの距離が長くなって燃焼が遅い。また，燃焼室の表面積が大きく，冷却系への放熱が大きくなり，熱効率も悪い。圧縮比も高められず，高性能エンジン向きではない。動弁系としては高速化のポテンシャルがあっても燃焼面で大きな制約があり，現在ではその姿を見られなくなった。

　燃焼室をコンパクトにし，燃焼速度を速くし，かつ冷却系への熱損失を小さくす

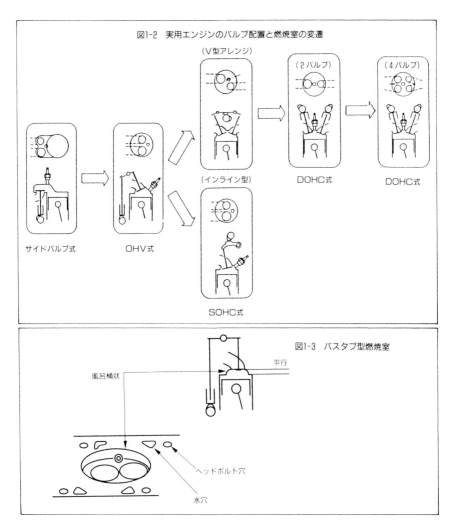

図1-2 実用エンジンのバルブ配置と燃焼室の変遷

図1-3 バスタブ型燃焼室

るためには，まずバルブをボア径の範囲に入れておきたい。こうなるとサイドバルブでは無理である。バルブを下向き，すなわち，ステムを上方にもってくる以外に方法はない。そこでOHV（オーバーヘッドバルブ）式が発明された。カムによる駆動力を，ロッカーアームで方向を変えてバルブに伝えるのである。

初期のOHVエンジンは図1-3のように，シリンダーヘッドの底面と燃焼室の天井が平行なバスタブ型の燃焼室であった。サイドバルブ式の特徴を残しながら，コンパクト化している。また，サイドバルブ式のように吸排気の流れがUターンするこ

となく，吸気は上から下へ，排気は下から上へとピストンの動きと同じ方向に流れるため，吸排気抵抗は小さくなり，この点からも，サイドバルブエンジンよりポテンシャルは向上した。

　さらに，バルブを傾けてポートの曲がりを小さくして吸排気抵抗を減らし，点火プラグ近くの燃焼室をある程度深くすることができ，この部分の容積をかせぐ。それによって燃焼の急速化を図り，傾けた燃焼室の天井とピストンの冠面とで効果的なガス流動を得るべく，ウェッジ型（くさび型）の燃焼室が考案された。また，これらの変形として，図1-3のバスタブ型は下面から見ると楕円形をしているが，これがキドニー（腎臓）形をしたものなど多くの改良型が実用化された。これらの燃焼室はいずれもOHV方式の採用により，初めて可能になった。OHV化によりエンジン性能は大きく向上し，それまで主流であったサイドバルブエンジンは，たちまちのうちに時代遅れのものとなった。

　このウェッジ型燃焼室は吸排気抵抗が少なく，燃焼も速いため高速化のポテンシャルがあるといえそうだが，ロッカーアームやカムシャフトから，アームの端部に力を伝えるためのプッシュロッドが必要である。そのため動弁系の可動重量が大きくなり，一方で，バルブ駆動部分の剛性は低下する。したがって，よほど小型軽量化を図らない限り，複雑な動弁系が高速化の可能性を制限してしまう。

　そこで，このプッシュロッドを除き，カムシャフトをバルブと同じようにシリンダーブロック側からシリンダーヘッドに移動させたSOHCが登場する。SOHC式にもウェッジ型燃焼室（初期の頃はバスタブ型もある）をもち，吸排気バルブがシリンダー列方向に一列に並ぶインライン型と，半球型燃焼室として吸排気バルブをV型にアレンジする方式とがある。

　インライン型では直動式も可能であるが，燃焼室の形状はOHV型と同じであり，燃焼の急速化には限度がある。また，V型のバルブ配置の場合はロッカーアームが必要である。直動式にしても，吸排気ポートがシリンダーヘッドの同じ側にある場合が多く，吸排気がUターンフローとなるため，バルブオーバーラップ時の掃気に問題が残る。バルブ径の拡大にもスペース的に制約があり，高速での吸入空気量の確保の点でも十分ではない。こうした理由で，インライン型では燃焼速度と吸排気効率の点から限界があった。

　一方，V型のバルブ配置の場合は，吸排気バルブ径を大きくとることができ，吸排気ポートはシリンダーヘッドの両側に開口しており，ストレートフローとなって吸排気効率は向上する。また，燃焼室は半球型となり燃焼はさらに改善されるが，

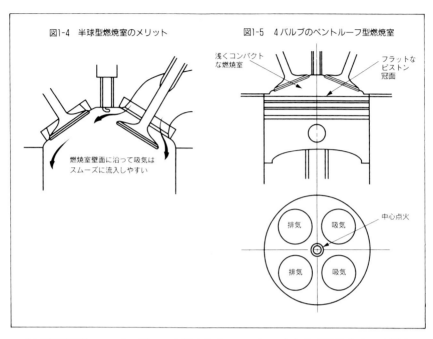

図1-4　半球型燃焼室のメリット

図1-5　4バルブのペントルーフ型燃焼室

バルブの開閉にロッカーアームを使うため，エンジンをより高速化するには限度がある。また，4バルブ化を図るには構造が複雑すぎ，機構学の結晶のようなエンジンになってしまう。

　DOHC式はSOHCのV型バルブアレンジ方式を究極的に発展させ，高速化のポテンシャルを追求したものである。2バルブの場合は半球型の燃焼室とすることができ，図1-4のように吸気が燃焼室壁面に沿って，スムーズに燃焼室に流入しやすく，吸気が入りにくくなる高速でも吸入効率を改善できるという利点がある。当然，排気についても同様のことがいえる。

　また，当初は燃焼室の表面積が小さく，冷却系への熱損失が少なくなるといわれていたが，バルブ径を大きくすると燃焼室が深くなり，圧縮比を確保するためにピストン頭部を出っ張らせなくてはならない。この部分の表面積を計算に入れると，必ずしも表面積が小さく，S/V比(燃焼室の表面積Sと容積Vとの比)が小さくなるとは限らない。そこで，バルブ径をほどほどに保っておきながら，吸排気が通り抜けるバルブの傘の周りと，バルブシートとの円環状のすき間を大きくするため，4バルブが考えられた。

　単純な発想のようであるが，4バルブ化により図1-5のように燃焼室を浅くでき，

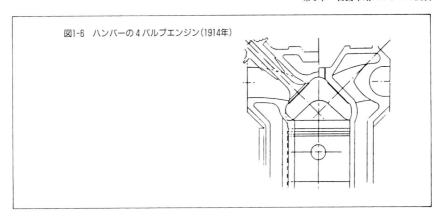

図1-6 ハンバーの4バルブエンジン(1914年)

ピストンの頭部を突き出さなくても圧縮比を高められ，同時にS/V比を小さくすることが可能になる。さらに点火プラグの位置を，無理をしなくても中央に持ってくることができ，中心点火にすることが容易になって，燃焼面からさらに有利となる。

また，バルブ1個の重量が軽くなるため，高速化のポテンシャルも大きくなる。レース用エンジンおよびごく一部であるが量産車でも吸気バルブを3個，排気バルブを2個とした5バルブ式もある。なお，このような燃焼室の形状は両側のひさしで形成する差し掛け屋根状となるため，ペントルーフ型と称する。

排気や燃費性能の向上が必須となった現在，市販車の中にも4バルブ式のエンジンが多く見られるようになった。本格的な排気規制が適用された昭和50年頃には思いもよらなかったことである。市販車のエンジンの進化をふり返って見ると，4バルブ式がもっとも新しい技術であるかのように思えるが，実は図1-6のようなハンバーエンジンが1914年に開示されている。

いくら高性能化のポテンシャルがあっても，社会のニーズに合わない技術は主流ではなく，社会の要求と性能のバランスに立った技術の変遷を理解することが必要であるといえるだろう。

1-2. レシプロエンジンのサイクル論

レシプロケーティングエンジン（本書ではレシプロエンジンと略す）は作動流体に熱が加えられ，それが膨張するときに仕事をするが，このストローク（行程）を膨張行程という。他のストローク，すなわち燃焼したガスを追い出す排気行程，新気を吸入したり圧縮する吸入行程や圧縮行程は，実際に仕事をする膨張行程を得るため

の準備にすぎない。

　余談だが，膨張行程のことを爆発行程と称することがあるが，これは正しい表現ではない。燃焼はあくまでもスケジュールどおりに行われなければならないし，上死点付近でノッキングを起こすことなく一気に燃焼してガス圧が上昇し，それが膨張しながらピストンを押し下げていく。したがって，このパワーを発生させるストロークを，膨張行程と称する。

　このように，レシプロエンジンはまったく目的の異なったストロークを行い，間欠的に燃焼をする。一般に4サイクルエンジンと呼んでいるエンジンは，四つのストロークで1サイクルを完了する4ストロークサイクルエンジンのことである。2ストロークは，二つの行程(エンジンの1回転に相当)でサイクルを完結する。

(1)オットーサイクル

　現在のガソリンエンジンのルーツは，1876年にドイツのニコラス・アウグスト・オットーが発明した4サイクルエンジンである。このオットーが定義したサイクルに，エンジンの真理があり，これが現在使用されている乗用車用ガソリンエンジンのルーツである。

　図1-7は，このオットーサイクルのPV線図である。横軸にピストンの位置，あるいはストロークした容積と燃焼室容積の和，すなわちピストンより上の容積(V)を，縦軸にはそれに対応した圧力(P)をとっている。1→2の間でガスが断熱圧縮され，2でQ_1という熱が与えられると，容積が一定の下でシリンダー内の圧力は3まで上

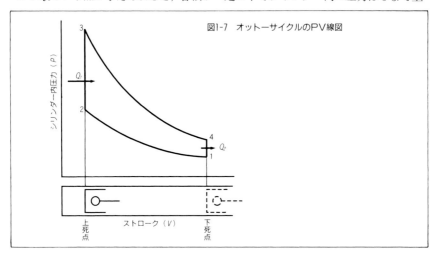

図1-7　オットーサイクルのPV線図

昇し，断熱膨張しながらピストンを押し下げ，仕事をする。そして，4ではQ_2という熱が残り，これを捨てることで圧力は瞬間的に下がる。これで1サイクルである。

　圧縮したガスに何らかの方法で熱エネルギーを与え，それを仕事に換えるのがエンジンである。シリンダー壁などからの熱の逃げがなく，またピストンの往復運動や軸受などにまったくフリクションがなければ，このQ_1とQ_2との差を仕事に換えることができるはずである。つまり，このとおりに作動するエンジンは神様が創った完璧なエンジンなのである。

　フリクションに打ち勝つための仕事（後で出てくるが摩擦馬力に相当）も仕事のうちであるが，ここではエンジンの本来の使命である，外部に取り出せる仕事を中心に考える。なお，単位時間にする仕事のこと，すなわち仕事率を出力といい，馬力やkWで表わすが，これについては1-3で詳しく述べることにする。

　さて，話をもどすとQ_1とQ_2の差が将来，有効な仕事に換わる源資となるわけで，この元の熱効率を求めてみる。この効率のことをオットーサイクルの理論熱効率という。理論仕事をW_{th} kgfm，Aを仕事の熱当量kcal/kgfmとすると，理論熱効率η_{th}は，

$$\eta_{th} = \frac{A W_{th}}{Q_1}$$

$$= \frac{Q_1 - Q_2}{Q_1} = 1 - \frac{Q_2}{Q_1} \cdots\cdots\cdots\cdots\cdots(1)$$

となる。ここで，シリンダー内の作動ガスの重量をGkgf，定容比熱をCvとすると，図1-7の加えられた熱量Q_1と捨てられた熱量Q_2は，点1～4のガス温度をそれぞれT_1，T_2，T_3，T_4として，

$$Q_1 = GCv(T_3 - T_2) \cdots\cdots\cdots\cdots\cdots(2)$$
$$Q_2 = GCv(T_4 - T_1) \cdots\cdots\cdots\cdots\cdots(3)$$

となる。ピストンが下死点のときのピストンより上の容積をV_1，上死点でのそれをV_2とすれば，圧縮比をε，気体の定圧比熱と定積比熱の比をκとしてT_2およびT_4をT_1とT_3で表わすと，

$$T_2 = T_1 \left(\frac{V_1}{V_2}\right)^{\kappa-1} = T_1 \varepsilon^{\kappa-1} \cdots\cdots\cdots\cdots(4)$$

$$T_4 = T_3 \left(\frac{V_2}{V_1}\right)^{\kappa-1} = T_3 \left(\frac{1}{\varepsilon}\right)^{\kappa-1} \cdots\cdots\cdots(5)$$

(1)に(2)および(3)を代入すると，分母と分子のGCvが約され，

$$\eta_{th} = 1 - \frac{T_4 - T_1}{T_3 - T_2}$$

これに(4)と(5)を代入してT_2，T_4を消去すると，

$$\eta_{th} = 1 - \frac{T_3\left(\frac{1}{\varepsilon}\right)^{\kappa-1} - T_1}{T_3 - T_1\varepsilon^{\kappa-1}}$$

$$= 1 - \left(\frac{1}{\varepsilon}\right)^{\kappa-1} \cdot \frac{T_3 - T_1\varepsilon^{\kappa-1}}{T_3 - T_1\varepsilon^{\kappa-1}}$$

$$= 1 - \frac{1}{\varepsilon^{\kappa-1}} \cdots\cdots\cdots\cdots\cdots\cdots(6)$$

となる。これが容積一定の下で熱の授受が行われる定容サイクルの理論熱効率を表わす式であり，熱効率は圧縮比と比熱比のみで決まることがわかる。理論空気サイクルの場合κは1.4程度であるが，実際のエンジンのように燃料空気サイクルの場合は理論空熱比において1.2〜1.26くらいの値になる。

このように作動ガスの組成によりκの値は異なり，圧縮比が同じでも理論熱効率は変化する。そこでκをパラメーターとして，圧縮比と理論熱効率との関係を図示すると図1-8のようになる。圧縮比が高くなるとカーブの傾斜がゆるやかになってくること，また比熱比が小さくなると理論熱効率が低下することがわかる。

さらに，現実のエンジンではいろいろな損失があるため，熱効率はもっと低くなる。優秀なオットーサイクルという祖先をもっていても，現実は厳しいのである。図1-9に燃料空気の理論サイクル（1→2→3→4→1）と実際のサイクル（a→b→c→d→e→f→a）のPV線図の比較を示す。まず，冷却系に熱を逃がさないとエンジンが焼き付き，またノッキングやデトネーションを起こすため，冷却損失は覚悟しなければ

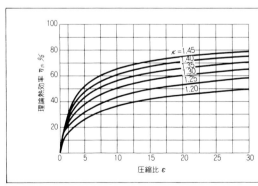

図1-8 オットーサイクルにおける圧縮比の増大による理論熱効率の向上

第1章 自動車用エンジンの概要

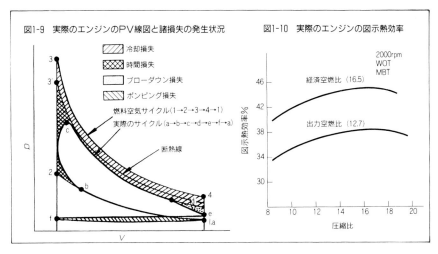

図1-9 実際のエンジンのPV線図と諸損失の発生状況　　図1-10 実際のエンジンの図示熱効率

ならない。もちろん、シリンダー内のガス温度が高くない吸入行程や圧縮行程時でも、燃焼室やシリンダー内にたまった熱はどんどん冷却系に逃げていくが、これもあわせて冷却損失として表示してある。

次に点火プラグで火をつけても、神様が創ったエンジンのように瞬間的に燃え広がって熱を発生させない。そこで火炎が伝播していく時間を見越して、bのちょっと手前で火花を飛ばす。初期火炎核を形成してbで炎が広がり出す。しかし、上死点ではまだ燃焼は終わらず、下降していくピストンに追い討ちをかけるように燃焼は続く。上死点後クランク角で15°くらいでガス圧はピークcになるが、冷却損失があっても瞬間的に燃焼すれば得られたであろう本来のピーク圧力3'より低いガス圧しか得られない。上死点前のクランクを逆回転させようとする無駄な圧力や、有効に仕事に変換できるはずの圧力が得られないのである。これも瞬時に燃焼が完了しないことに起因する損失であり、時間損失と称する。

次に、排気バルブが開いても瞬間的にシリンダー内のガス圧力は下がらない。そこで下死点より手前のdで排気バルブを開くため、まだ仕事のできる高い圧力のガスを勢いよく噴出させてしまう。これがブローダウン損失である。また、新気を引っ張り込み、吸気系より圧力の高い排気系へ押し出すポンピング損失がある。その他に不完全燃焼や熱解離があるため、燃料のもつエネルギーを完全に取り出すことはできない。

図1-10には、実際のエンジンでの圧縮比と図示熱効率の関係を示す。この図示熱効率については1-3で詳しく説明するが、一口でいえば、エンジンから取り出せる仕

事と摩擦に打ち勝ってエンジン自体を回転させる仕事の和と，供給された燃料のもつ熱エネルギーの比のことである。すなわち，燃料のもつ熱量の何パーセントが全仕事に換わったかを表わしている。理論サイクルの場合，図1-8に示すように圧縮比を上げれば熱効率は良くなるが，現実のエンジンでは圧縮比が15～16のところで最大となり，それ以上圧縮比を高めても熱効率は低下する。これにはいろいろな原因が考えられるが，主なものとしては，圧縮比を上げていくと燃焼室の表面積(S)と容積(V)の比(S/V)が大きくなって冷却損失が増えていくこと，燃焼室が扁平となり燃焼の状態が良くなくなること，さらにノッキングを起こしやすくなるので点火時期を遅らせなければならなくなること，また摩擦損失も増加することなどである。

このように，理論サイクルと現実のエンジンとではかなり異なるところがあるが，実際のエンジンを究極的に改良すると理論サイクルになるのである。この定容サイクルであるオットーサイクルにエンジンの真の姿があるといえる。

(2)ディーゼルサイクル

本書はガソリンエンジンを中心にして書かれているが，他のサイクルについてはオットーサイクルをより理解しやすいように，これと比較してサイクルの特徴について簡単に触れることにする。

オットーサイクルはピストンが上死点時に，すなわち容積が一定の状態で一瞬にして作動ガスに熱が供給されるが，ディーゼルサイクルは図1-11のように上死点からピストンが下がっていっても圧力が一定となるように熱が供給される。オットーサイクルが定容であるのに対し，ディーゼルサイクルは定圧となる。したがって，

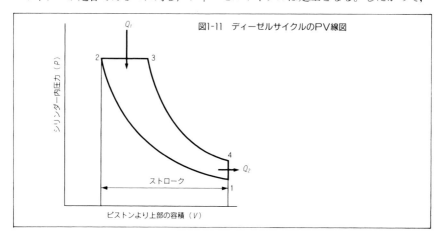

図1-11 ディーゼルサイクルのPV線図

第1章　自動車用エンジンの概要

定圧サイクルといわれる。

　このサイクルの具体的な作動原理は，図1-11にみるように1→2間で空気を断熱圧縮し，燃料の着火温度以上に上げ，そこに燃料を噴射する。そして，噴くそばから自然に着火して燃焼するとすれば，シリンダー内ガス圧力を一定に保つことができる。2→3間が，ガス圧力が一定の期間である。3で燃料の噴射が終わり，燃焼もここで終了する。3→4で断熱膨張し，4→1間で熱を捨ててガス圧力を1の状態にもどす。実際は排気バルブが開いて排気行程を行い，続いて吸入行程に入り，吸気バルブから新気を吸入する。しかし理論サイクルでは，2→3間で熱エネルギーQ_1が供給され，4→1間でQ_2が放熱されると考えればよい。

　燃料が噴射されると同時に着火することは実際にはあり得ないが，エンジンの回転速度がきわめて遅い大型の舶用ディーゼルエンジンでは，図1-11のような定圧サイクルに近い形態となる。

(3)サバテサイクル

　舶用などの大型ディーゼルエンジンにくらべ，はるかに高速回転する自動車用ディーゼルエンジンのルーツは，図1-12のようなサバテサイクルである。これはオットーサイクルと正調のディーゼルサイクルをあわせた特徴をもち，複合サイクルとも呼ばれる。1→2で空気を断熱圧縮し，上死点で熱エネルギーQ_vが与えられ，圧力は2→3'へと上昇する。さらに燃料は3まで噴き続けられ，ここで系に熱エネルギーQ_pが与えられる。3→4で断熱膨張し，4→1間でQ_2が捨てられ，1の状態にもどる。

　燃料は噴射されてもすぐに燃え出さないため，上死点より手前で噴射しないと，高速ディーゼルエンジンでは間に合わない。そのため定容分ができるのである。自

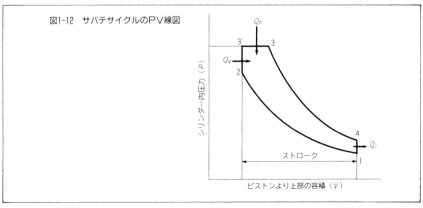

図1-12　サバテサイクルのPV線図

25

動車用ディーゼルエンジンでは，当然ガソリンエンジンと同じようにPV線図は角の取れた丸みを帯びた形となるが，その原形はサバテサイクルである。

1-3. エンジンの性能や特性を表わす評価尺度

　エンジンは熱エネルギーを仕事に変換する機械であり，したがって，もっとも基本的な尺度はトルクと回転数とそれらによって決まる軸出力と，変換効率を代弁する燃費である。しかし，エンジンはもっとも複雑な総合機械といわれており，単純に出力と燃費だけでは評価できない。この出力と燃費はいろいろな現象や性能・特性を総合した結果であり，それを掘り下げていかなければ，エンジンの真の性能を評価できないし，また，効率的な開発も不可能である。これからはこの基本性能に排気と騒音特性を加えるべきである。この節では，自動車用ガソリンエンジンを理解するのに必要な評価尺度について述べるが，それを二つに分類すると表1-1のようになる。

　出力，トルク，燃費などの表面的な性能・特性の他に，なぜそうなったかを掘り下げることと，排気量によらずエンジンを横並びに比較するための評価尺度が必要である。ここでは1-2のサイクル論と密接な関連がある表1-1中の1と2について述べ，後は1-4，さらには第5章で詳しく触れることにする。

(1) 力と仕事と仕事率

　車輪のついた重い旅行カバンがあったとする。これを手で持って立っているのは疲れるけれど，仕事はしていない。確かに力は出しているが，カバンはどこにも移動していない。これは床に置いたままの状態と何ら変わらないのである。これを床に置いても，手で出している力を床が静かに受け持ったにすぎない。

表1-1　エンジン特性を知るのに必要な基本的な評価項目

分類	性能として表に現われ計測評価されるもの	性能を解析評価するのに必要な主な特性
1	軸出力（正味出力） 軸トルク（正味トルク） 回転数	図示出力，平均有効圧 図示トルク，図示平均有効圧 摩擦馬力，摩擦平均有効圧 摩擦トルク，機械効率
2	燃料消費率	正味熱効率，図示熱効率 熱勘定
3	排気放出物	空燃比，点火時期，燃焼特性など
4	エンジン本体騒音	エンジン表面の振動，振動伝達特性など
5	エンジン剛体振動	機械的なバランス，サイクル変動など

第1章　自動車用エンジンの概要

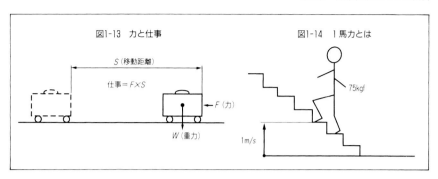

ところが，図1-13のように，この荷物を床に置いて横に押したとする。摩擦力に抗し，Fの力で距離Sだけ移動したとすれば，外部からカバンにした仕事は$F×S$である。たとえカバンを持って立っている力Wより押す力が小さくても，Fは仕事になるのである。ここで，力のSI単位（Systeme International d'Unites, International System of Unites）はN（ニュートン）であるが，本書では従来の単位であるkgfを用いる。ちなみに1 kgf＝9.8Nである。

先ほどのカバンを重力Wkgfに抗してSm持ち上げたとすると，その時の仕事は$W×S$kgfmである。ところが，この仕事には時間という概念が入っていない。1秒でSm持ち上げようと10秒かかろうと，仕事としては同じである。しかし，自動車を使って物を動かすときには，それにかかった時間が問題となる。そこで時間当たりの仕事量を仕事率と定義し，単位はkgfm/sとなる。1馬力は75kgfm/sであり，図1-14のように体重75kgの人が，1秒に1mずつ段階をかけ昇ったとすると，ちょうど1馬力となる。

表1-2　本書の工学単位のSI単位への換算表

	工学単位	SI単位	換算係数
力	kgf	N	9.80665
トルク	kgfm	Nm	9.80665
仕 事	kgfm	Nm	9.80665
エネルギー	kgfm	J	9.80665
熱 量	kcal	kJ	4.1868
圧 力	kgf/cm^2	kPa	9.80665×10
慣性モーメント	$kgfms^2$	kgm^2	9.80665

本書では馬力の単位としてメートル馬力psを用いることとする。ちなみに英馬力HPは0.9859psである。仕事は熱に，熱は仕事に互いに換算でき，1 kgfmは2.3427×10^{-3}kcalである。参考までに表1-2に，力と熱と仕事率の単位の換算表を示す。

(2)トルクと出力およびこれに関連する諸特性

　エンジンは回転しながら力を出して仕事をする。この回転しながら出す力をトルクという。SI単位ではNmであるが，ここでは前項でことわったように，一般的なkgfmを用いる。クランク軸がまわそうとする回転力のことであり，図1-15のように，中心からrmのところにWkgfの力がかかったと考えればよい。

　しかし，このまわそうとする力，トルクだけでは仕事にならない。それはちょうど仕事は(力)×(移動距離)であり，いくら力だけがあっても仕事にならないのと同じである。重力に抗してWkgfの物体をSm持ち上げたとしたら，そのときにした仕事はWSkgfmとなる。この仕事を図1-16のように質量のないヒモを，これも摩擦のない滑車に捲きつけて，トルクTで滑車をθだけまわしたとすれば，その仕事量は$T\theta$kgfmとなる。

　すなわち，トルクと回転角(単位はラジアン，180°＝πradである)の積が仕事である。トルクの単位はkgfm，一方，仕事の単位もkgfmである。しかし，その中身が

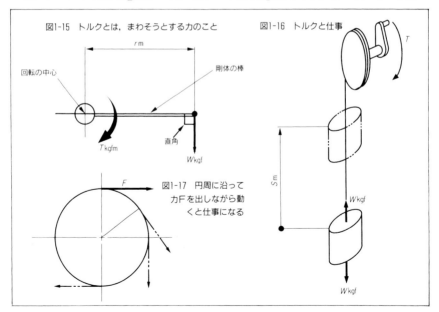

図1-15　トルクとは，まわそうとする力のこと

図1-16　トルクと仕事

図1-17　円周に沿って力Fを出しながら動くと仕事になる

違う。トルクの方のm（メーター）はアームの長さであるが、仕事の方のmは移動距離である。トルクのアームの長さに無次元の回転角を掛ければ、回転しながら動いた移動距離になるので（トルク）×（回転角）は仕事なのである。

①トルクと仕事と仕事率

前にも触れたが1psは75kgfm/sであり、トルクを出しながら回転したとき（図1-17）の仕事率もこれと同じである。10kgfmのトルクを出しながら3000rpmでまわっているエンジンがある。このエンジンの出力を求めてみよう。

3000rpmとは1分間に3000回転しているわけであるから、1秒間には50回転している。すなわち50回転/s、これを先ほどの回転角に直すと2π×50/sとなる。したがってこのエンジンは、1秒間に10×(2π×50) kgfm/sの仕事をしている。これを仕事率、馬力に換算すると、

$$\frac{10 \times (2\pi \times 50)}{75} = 41.9 \text{ps}$$

となる。エンジンのトルク T（kgfm）と回転数 N（rpm）がわかっているときの出力 L_e（ps）は次式のようになる。

$$L_e = \frac{1}{75} \times T \times \frac{2\pi N}{60} \quad \cdots\cdots\cdots\cdots (7)$$

2πで約分すれば、

$$L_e \fallingdotseq \frac{TN}{716} \quad \cdots\cdots\cdots\cdots\cdots\cdots (7)'$$

となる。この式は憶えておくと便利である。

②正味と図示と摩擦損失

エンジンの性能を理解するためには、"正味"と"図示"を正しく使い分けられるようになっておくことが必要である。先ほど説明したトルクも出力も、エンジンのアウトプット、すなわちクランクシャフトの後端から取り出せる回転力なり仕事率を指す。ということは、エンジンは他にも仕事をしているということだ。すなわち、エンジンは自分が動くために、内部で仕事をしているのである。ちょうど人間が労働をするときに、仕事にエネルギーを使うのと同時に、自分の生命を維持するために心臓を動かし、呼吸をし、消化やさまざまな活動をしているのと同じである。

エンジンも回転するためには、ピストンや軸受などの摩擦に打ち勝ち、さらにカムシャフトをまわしてバルブを開閉し、またオイルポンプやウォーターポンプ、オルタネーターなどの補機類を駆動しなければならない。エンジンはアウトプットと

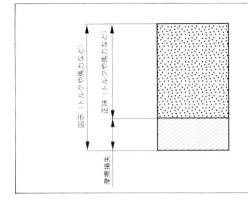

図1-18 正味と図示と摩擦損失

して示されるトルクや出力以上のそれを発生しているのである。これを図解すると図1-18のようになる。エンジンから取り出せるトルクや出力を、正味をつけて正味トルク、正味出力(正味馬力と呼ぶこともある)というのが正確だが、一般には単にトルクや出力といわれる。また、クランク軸から取り出すという意味を込めて軸トルク、軸出力(軸馬力)と呼ぶこともある。

　これに対し、エンジン内部で消費されるトルクや仕事(率)を含めた図示トルク、図示出力(馬力)には必ず"図示"が必要である。次項で述べるが、この図示トルクや図示出力は直接ダイナモメーター(動力計)で測定することはできない。間接的に測定し、指圧線図から計算によって求めるのが普通である。すなわち、シリンダー内のガス圧力とピストンのストロークから、本来エンジンが発生しているはずのトルクと出力を求めるのである。

　図1-18からも想像がつくように、正味トルクは測定でき、また、摩擦トルクもエ

図1-19 ダイナモメーターによるエンジン実験風景(計測室側)

図1-20 ダイナモメーターとスタンバイされた実験用エンジン

ンジンをかけずに後端からモーターや直流動力計で駆動してやり，そのときの駆動トルクを測定すれば求められるので，この二つを加えれば図示トルクとなるはずである。しかし，この方法には思いもかけない欠点がある。それはエンジンのシリンダー内で燃焼が起きているときと，エンジンが発火運転ではなく，後から駆動されているときでは摩擦損失に差があるからだ。しかし，直流動力計やモーターで直接フリクション（摩擦損失によるトルク）を測定しておくことはきわめて重要である。これについては後述する。

　ここでアイドリング時を考えてみよう。このとき，エンジンは外部に対して力を出していないし，当然仕事もしていない。すなわち，図1-18において正味トルクや正味出力はゼロである。これは図示トルクや図示出力が，摩擦トルクや摩擦馬力（摩擦出力といわず，この場合は馬力を使う）と同じになり，つり合って回転している状態である。アイドリングでライトをつけたりするとオルタネーターの負荷が増大するので，回転が下がろうとするため回転数を一定に保つためには，何らかの方法で混合気の量を増やすことが必要になる。アイドルスピードコントロールシステムが装着されていないエンジンでは，ライトを点灯したり，クーラーを入れるとアイドリング回転数が低下するので，フリクションの増大を実感することができる。

③正味平均有効圧

　先ほど①で述べた軸トルクや軸出力は，平均有効圧（図1-21のP_{me}）に比例する。そのために排気量とは関係なく，エンジンの出力特性を比較することができる。なぜそうなるかを図1-21で説明しよう。

　エンジンは発生した熱をガスに伝え，ガスの温度が上昇することで圧力が上がる。この圧力でピストンを押し下げ，仕事をする。このときガスの圧力は変化するわけ

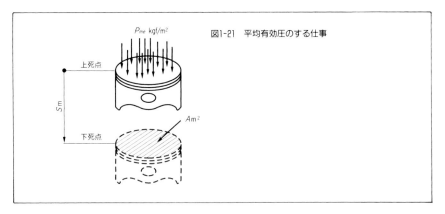

図1-21 平均有効圧のする仕事

だが、これを平均化して考えることにする。アウトプットとして取り出した仕事に相当するガス（正式には作動ガスという）の圧力、これも先ほどと同じく平均化して考える。これを平均有効圧と呼びP_{me}で表わす。Pは圧力を表わすが、サフィックス（添字）のmeはmean effective pressureのmとeをとったものである。

一つのシリンダーで考えると、ガス圧がかかるピストン頂面の平面積をAm²、ストロークをSmとすれば、ピストンに作用する力はP_{me}(kgf/m²)×A(m²)＝$P_{me}\cdot A$(kgf)となる。そして上死点から下死点までにする仕事は$P_{me}×A×S$(kgfm)である。ところで、4サイクルエンジンの場合は2回転に1回膨張行程があるので、回転数をN(rpm)とすれば1秒間には、

$$\frac{1}{2}×\frac{N}{60}回×P_{me}\cdot A\cdot S \text{kgfm}$$

の仕事をすることになる。一方、1 psは75kgfm/sであるから、出力L_e'は、

$$L_e'=\frac{1}{75}×P_{me}×A×S×\frac{1}{2}×\frac{N}{60}$$
$$=\frac{P_{me}×A×S×N}{9000} \quad\cdots\cdots\cdots\cdots(8)$$

で表わされる。これは一つのシリンダーがP_{me}によってする仕事であり、また$A×S$は一つのシリンダーの排気量（行程容積）である。nシリンダーエンジンの場合、全シリンダーでする仕事L_eは、

$$L_e=\frac{P_{me}×A×S×n×N}{9000} \quad\cdots\cdots\cdots(9)$$

となる。ここで$A×S×n$は全シリンダーの排気量V_hになるから、この式は、

第1章　自動車用エンジンの概要

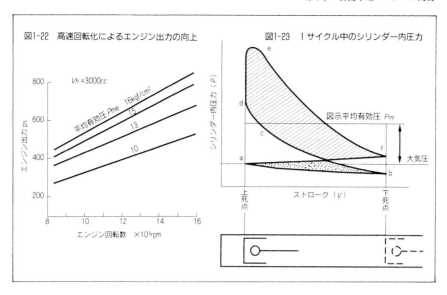

図1-22　高速回転化によるエンジン出力の向上

図1-23　1サイクル中のシリンダー内圧力

$$L_e = \frac{P_{me} \times V_h \times N}{9000}$$

と書き直すことができる。この式は回転数が同じなら，出力は平均有効圧に正比例することを示している。また，P_{me}が一定ならばL_eは回転数Nに比例することになる。それでレーシングエンジンは高回転時に高い平均有効圧を確保しようと努力しているのである。

　排気量3ℓ（$3 \times 10^{-3}m^3$）のエンジンを例に，平均有効圧をパラメーターとして，回転数の上昇と出力の増大の関係を図1-22に示す。

　ここで平均有効圧P_{me}の単位はkgf/m^2ではなく，一般的なkgf/cm^2を用いている。ひと昔前の実用エンジンでは，P_{me}は最大10.5kgf/cm^2くらいであったが，今では11.5kgf/cm^2を越えるNAエンジンはざらである。一方，レース用エンジンではターボがなくても，最大トルク時には16kgf/cm^2を越え，最大出力時でも13kgf/cm^2よりはるかに大きいのが常識になっている。なお，2サイクルエンジンのP_{me}などについては改めて後ほど説明する。

④図示平均有効圧と摩擦平均有効圧

　図1-23は4サイクルエンジンが1サイクルしたときのシリンダー内の圧力変化の状態を表わす。シリンダー内圧力はシリンダーヘッドに穴を開け，圧力ピックアップを挿入して測定する。

大気圧を基準に考え,排気行程が終わってピストンが上死点にあり,これから吸入行程に入ろうとするところ(a)でのシリンダー内の圧力を大気圧とする。ここからピストンは下降し新気を吸入するが,吸気バルブや吸気系の抵抗のため圧力は低下し,(b)で下死点に至る。次に圧縮行程に入るが,吸気バルブが完全に閉じてから,おもむろに圧縮が始まる。そして圧力は急激に上昇し,(c)で点火プラグから火花が飛び,混合気に点火する。一瞬の間をおいてシリンダー内圧力は上昇し,上死点を少し過ぎたところ(e)でシリンダー内圧力はピークに達する。ガスは膨張しながらピストンを押し下げ,排気バルブが開くと急激に圧力が下がり,下死点(f)に至る。(f)から(a)の間が排気行程で,ピストンが燃焼し膨張し終わったガスを大気中に押し出して,1サイクルを終了する。

　これについては前にも触れたので詳しいことは省略するが,圧縮もしくは排気を押し出し中の圧力と膨張しているときの圧力の差が,仕事をする源となる。すなわちハッチングの部分だ。また,図1-9でも説明したが,圧力の低い吸気系から新気を吸い,これを圧力の高い排気系へ押し出すポンピングロスの部分を点々で示す。したがって,ピストンが受けたガス圧で行った仕事は,ハッチングの部分から点々の部分を引いたものになる。これを全ストローク中,平均してガス圧が加わったと仮定して,

$$\frac{(\text{▨部の面積})-(\text{▦部の面積})}{\text{ストローク}}$$

で出した圧力,これが図1-23に示す図示平均有効圧(indicated mean effective pressure) P_{mi} である。P_{mi} のiはindicatedを表わす。なお P_{mei} と書くこともある。

　②で説明したように(図示)＝(正味)＋(摩擦)の関係があるので,摩擦損失に相当する平均圧力を摩擦平均有効圧 P_{mf} (fはfrictionの意味)で表わすと,これら三つの平

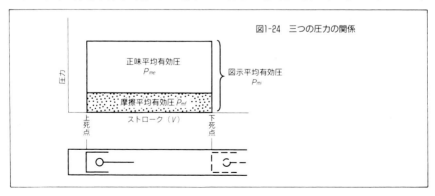

図1-24　三つの圧力の関係

均有効圧の関係は図1-24のようになる。

⑤正味平均有効圧と軸トルク

エンジンが発生するトルクや出力を，軸トルクや軸出力ということもあると前に述べた。ここでは，排気量が同じなら軸トルクはエンジン回転数とは無関係に，正味平均有効圧に正比例することについて説明する。①で述べたように軸出力L_eは，

$$L_e = \frac{1}{75} \times T \times \frac{2\pi N}{60}$$

で表わされる。一方，平均有効圧力P_{me}とL_eとの間には③で導いたように，

$$L_e = \frac{1}{75} \times P_{me} \times V_h \times \frac{1}{2} \times \frac{N}{60}$$

の関係があるため，

$$\frac{1}{75} \times T_e \times \frac{2\pi N}{60} = \frac{1}{75} \times P_{me} \times V_h \times \frac{1}{2} \times \frac{N}{60}$$

すなわち，

$$T_e = \frac{P_{me} \times V_h}{4\pi} \text{kgfm} \quad \cdots\cdots\cdots\cdots\cdots (10)$$

となる。ここで，単位はm，kgfであるためV_hおよびP_{me}をそれぞれcm³，kgf/cm²として代入し，すぐ使えるように書き直すと，

$$T = \frac{P_{me} \times V_h}{400\pi} \text{kgfm}$$

となる。つまり，V_hが同じならばTはP_{me}に正比例する。また逆にP_{me}をある程度しかかせない場合にはV_hを大きくしてTを得なければならなくなる(図1-25)。たとえば，車両側から見て動力性能上の要求として軸トルク15kgfmがほしい場合，P_{me}で12.56kgf/cm²を出すことができれば排気量1500ccでよいことになる。本章の後半

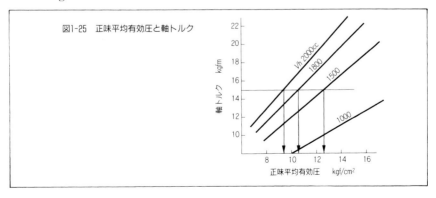

図1-25　正味平均有効圧と軸トルク

で述べるが、この場合、摩擦損失（フリクション）が減るというメリットがある。1800ccのエンジンならば、容易に実現できる10.46kgf/cm²でよい。ガソリンの質が悪く、圧縮比を上げられないエンジンでは、やむなく2000ccということになるが、この場合のP_{me}は9.42とおだやかな値である。

　正味平均有効圧がわかれば、そのエンジン性能の推察がつくので、排気量とは無関係にエンジンを評価できる。なぜならば軸トルクは排気量でカバーできるので、トルクだけではエンジンの本質を論じることはできない。しかし、正味平均有効圧はエンジンの真髄に触れた値である。レーシングエンジン開発時に出力や、トルクの数値に関心がいきがちであるが、まず正味平均有効圧を問題にすべきである。

⑥図示平均有効圧と図示馬力

　ひと昔前までは圧力ピックアップでシリンダー内圧力を測定し、指圧線図（PV線図）を描いて面積を求め、積分した。しかし、最近ではコンピューターを内蔵した燃焼解析装置で、たちどころに図示平均有効圧や圧力上昇率、熱発生率、失火率などを測定することができる。エンジンの燃焼状態の解析システムを図1-26に示す。

　③の正味平均有効圧のところで正味出力L_eとP_{me}との間の式を求めたが、これと同じように考えて図示馬力L_iと図示平均有効圧P_{mi}との間には次の関係が成り立つ。

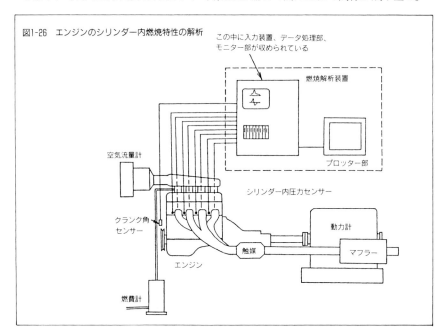

図1-26　エンジンのシリンダー内燃焼特性の解析

第1章　自動車用エンジンの概要

$$L_i = \frac{P_{mi} \times A \times S \times n \times N}{9000} \quad \cdots\cdots\cdots\cdots\cdots\cdots (11)$$

$A \times S \times n$ は排気量であるから，この式は

$$L_i = \frac{P_{mi} \times V_h \times N}{9000}$$

となる。また，図示トルクT_iは⑤と同様にして

$$T_i = \frac{P_{mi} \times V_h}{4\pi} \text{kgfm} \quad \cdots\cdots\cdots\cdots\cdots\cdots (12)$$

となる。単位はm，kgfであるが，V_h，P_{mi}をそれぞれcm³，kgf/cm²とすれば，

$$T_i = \frac{P_{mi} \times V_h}{400\pi} \quad \text{となる。}$$

⑦機械損失と機械効率

　図示馬力や図示トルクは，ピストンに加わったガスの圧力でピストンがしている仕事の時間割合(仕事率)や，外部には出ないが，その仕事の元となるトルクである。すなわち，冷却損失，排気損失，時間損失，ポンプ損失などを除いた結果として得られる，指圧線図から求めたピストンがしている真の仕事率やトルクのことである。ところが前にも述べたように，エンジン内部の摩擦やバルブの駆動，さらにはオイルポンプやウォーターポンプもまわさなければならず，オルタネーターで発電もしなければならない。したがって，本当にピストンがしている仕事から，エンジン自身が回転するために必要な仕事をあらかじめ差し引いた残りが，クランクシャフトの後端から取り出される。復習になるが，これが正味馬力である。そして，図示馬力と正味馬力との差が摩擦馬力であり，この馬力をトルクに入れ替えれば各々のトルクとなる。この場合の摩擦トルクが機械損失である。

　一方，機械効率はエンジン内部で摩擦がなく，カムシャフトもウォーターポンプやオイルポンプ，オルタネーターなどを駆動しなくてよければ100%と定義するが，現実的にはこんなことはない。機械効率をη_mとすると，

$$\eta_m = \frac{L_e}{L_i} \quad \cdots\cdots\cdots\cdots\cdots\cdots (13)$$

となる。また，摩擦馬力をL_fとすると，$L_e = L_i - L_f$であるから，$\eta_m = 1 - \frac{L_f}{L_i}$と書き替えることができる。また，$L_i$，$L_e$，$L_f$がともに，

$$\frac{A \times S \times n \times N}{9000} \quad \text{すなわち} \quad \frac{V_h \times N}{9000}$$

に比例するから，η_mをP_{mi}，P_{me}，P_{mf}で表わすと，

$$\eta_m = \frac{P_{me}}{P_{mi}} = 1 - \frac{P_{mf}}{P_{mi}}$$

となる．一方，トルクで考えても同様の結果となる．すなわち図示トルクはP_{mi}に，軸トルクはP_{me}，摩擦トルクはP_{mf}に比例するので，

$$\eta_m = \frac{T_e}{T_i} = \frac{P_{me}}{P_{mi}}$$

となるからである．

8 熱効率と燃料消費率

エンジンに供給された燃料のもつ熱エネルギー（たとえばガソリンの場合は10500 kcal/kgf）が，どのような形で消費されたかを追求したのが熱勘定である．この考えの基本をなすものは，熱は仕事に，仕事は熱に変化するということである．たとえば，1 kgfmが9.8Jに，1 kcalが4.19×10^3J，また仕事率1 psが632.5kcal/hに相当する．

図1-27はエンジンに供給された燃料のもつエネルギーがどのように消費したかを表わす．図には排気量4.5ℓのV8シリンダーの乗用車用エンジンと，耐久レース用スポーツプロトタイプカーエンジンVRH35Zのフルスロットル時の熱収支を示した．ともに似たような傾向であるが，レーシングエンジンの方が機械損失が小さいことがわかる．また，熱い排気を捨てることは，まだエネルギーの残っているガス

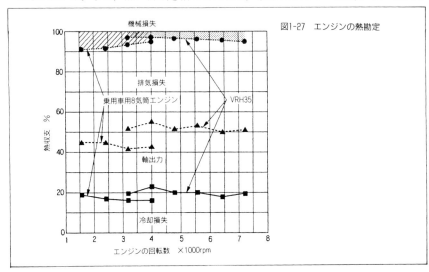

図1-27　エンジンの熱勘定

を排気してしまわなければならず、排気損失は大きい。

熱効率には図示熱効率η_iと正味熱効率η_eがあり、前者は図示仕事とエンジンに供給された燃料のもつエネルギーの比、後者は正味仕事と同じく供給されたエネルギーの比である。

ここで一つ、あいまいにしておいたことがある。燃料のもつエネルギーは空気と混合して完全に燃焼しなければ、熱エネルギーとして取り出し、作動ガスの圧力を上昇させるのに使用することはできない。空燃比が濃く酸素不足のため、まだ燃えることのできる反応途中の一酸化炭素(CO)、水素(H_2)や生ガスである炭化水素(HC)が排出される場合、熱収支中に未燃ガス分として取り上げなければならない。理論空燃比よりも薄く、しかも燃料が完全燃焼した場合には図1-27は正しい。熱力学としてこの問題を取り扱う場合は単に"上死点で系に与えられた熱量Q_1''"で、1サイクルの間の図示仕事W_iまたは正味仕事W_eを割ったW_i/Q_1とW_e/Q_1を、それぞれ図示熱効率、正味熱効率と定義している。

次に、実用的な燃料消費率すなわちBrake Specific Fuel Consumption(略してBSFCと呼ぶことが多い)について説明する。単位はg/pshやg/kWhを用い、1psあるいは1kWの出力を1時間出し続けるのに消費した燃料の重量で表わす。このBSFCは燃料がどのように燃焼したかを問わずに、とにかくエンジンに供給した燃料の重量(g/h)を発生した出力で割ればよく、エンジン単体での燃費性能を表わすのに便利で実用的な指標である。次の例題でこれを説明してみよう。

あるエンジンが120psを出していて、1分間に600ccの燃料を消費した。燃料の比

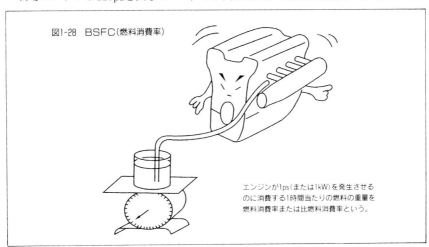

図1-28 BSFC(燃料消費率)

エンジンが1ps(または1kW)を発生させるのに消費する1時間当たりの燃料の重量を燃料消費率または比燃料消費率という。

重を0.74としBSFCを求めよ，という問題があったとする。BSFCは1時間当たりに使用する燃料のグラム数だから，まず1分間に消費する燃料の量を1時間当たりに換算すると，600cc/min×60＝36000cc/hとなる。これに密度(実用上は密度＝比重と考えてよい)0.74を掛けると26640g/hとなる。これで120psを出しているので26640g/h÷120ps＝222g/psh，これが求めるBSFCである。本来ならばグラムをgではなくgfと書くべきだが，複雑に見えるので従来から使用してきたg/pshまたはg/kWhをBSFCの単位とした。

⑨2サイクルの場合

2サイクルエンジンの諸元表を見ると，正味平均有効圧が4サイクルの場合の半分ほどしかない。これは2サイクルの方が劣るというのではなく，1回転に1回の燃焼を行うため，正味平均有効圧や図示平均有効圧を定義する式が異なるのである。

③でL_e'を求めた場合とまったく同じに考える。ガス圧がかかるピストン頂面の面積をA(m²)，ストロークをS(m)とすると，正味平均有効圧P_{me}(kgf/m²)で上死点から下死点までにする仕事は$P_{me}×A×S$(kgfm)となる。ところで，2サイクルエンジンの場合は1回転に1回この仕事をするから，回転数をN(rpm)とすると，1秒間には$N/60$回の力を出すことになる。1psは75kgfm/sであるから，一つのシリンダーで発生させる出力L_e'は，

$$L_e' = \frac{1}{75} \times P_{me} \times A \times S \times 1 \times \frac{N}{60}$$

$$= \frac{P_{me} \times A \times S \times N}{4500} \quad\cdots\cdots\cdots\cdots\cdots (14)$$

となる。したがって，全シリンダーでは(9)式に対応し，

$$L_e = \frac{P_{me} \times A \times S \times n \times N}{4500}$$

となり，また排気量をV_hとすると，これは，

$$\frac{P_{me} \times V_h \times N}{4500} \text{と表わされる。}$$

4サイクルの場合の出力を示す式，

$$L_e = \frac{P_{me} \times V_h \times N}{9000}$$

とくらべると，分母が1/2になっているのがわかる。これは燃焼回数が2サイクルの場合，すなわち毎回転ごとに燃焼が行われるからである。また，図示馬力L_iは前出

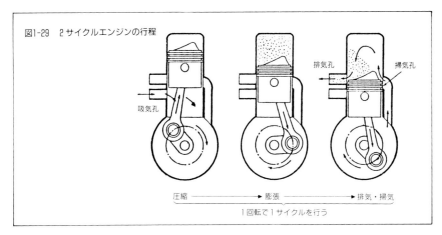

図1-29 2サイクルエンジンの行程
圧縮 → 膨張 → 排気・掃気
1回転で1サイクルを行う

の(11)式と同じように，図示平均有効圧P_{mi}を用い，

$$L_i = \frac{P_{mi} \times A \times S \times n \times N}{4500} \quad \cdots\cdots\cdots\cdots\cdots\cdots (15)$$

となる。

1-4. エンジンの性能に影響を与える諸因子

　エンジンの性能は，その構造体としてのポテンシャルと，それを十分に引き出すためのマッチングによってほとんど決まってしまう。このマッチングについては後章で詳しく説明するので，ここではエンジンの性能に影響を与える諸因子を，エンジンそのものに関わるものと，外的な要因によるものとに分けて説明する。また，エンジンの性能は経時変化するが，ここでは言及しないことにする。

⑴エンジンに関連するもの

　エンジンの構造や諸元，マッチングは性能に大きな影響を与える。ここでいうマッチングとは，空燃比や点火時期などの調整により，目標の性能を得るための一連の最適化(Optimization)を指す。すなわち，運転変数(Operating Variables)の最適化と言い替えることができる。なお，以下に述べる②から⑧までは他章でも詳しく触れるので，ここではそれらの関連を説明する。

①吸入効率

　エンジンは熱エネルギーによって作動ガスの圧力を上昇させ，これにより仕事を

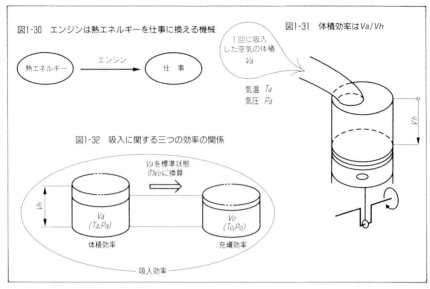

図1-30 エンジンは熱エネルギーを仕事に換える機械

図1-31 体積効率はVa/Vh

図1-32 吸入に関する三つの効率の関係

する機械である（図1-30）。熱エネルギーを増大させるためには，まず少しでも多くの燃料を燃やさなければならない。燃やすためには酸素が必要である。すなわち，いかに多量の空気を吸入したかは，エンジンの出力性能を直接左右する。たとえば，アクセルを踏み込むとスロットルバルブが開き，吸入する空気量が増え，パワーが増大する。つまり，スロットルバルブで吸入効率を変えて出力を調節しているのである。この吸入効率は図1-32のように，体積効率と充塡効率の総称である。

ⅰ）体積効率（容積効率）

図1-31のようにピストンが上死点から下死点まで動いたとき，シリンダー内の容積はV_hだけ変化する。1回の吸入行程で，そのときの雰囲気温度T_aと気圧P_aの空気をV_a吸い込んだとすると，このときの体積効率η_vは，$\eta_v = V_a/V_h$である。すなわち，ピストンによる容積変化と等しい体積の空気を吸入すれば，体積効率は100％となる。また，この吸入された空気の体積に密度を掛ければ，吸入空気の重量を求めることができる。これは空燃比（Air Fuel Ratio，A/Fと略すことが多い）の分子となる値である。

ⅱ）充塡効率

体積効率が同じであっても，吸入する大気の温度が高ければ密度が小さくなるため，吸い込んだ空気の重量も小さくなる。また，気圧が低くなっても同じことがいえる。エンジンのパワーの元となる燃料を燃やすことのできる空気の量とは，その

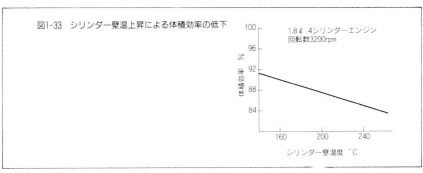

図1-33 シリンダー壁温上昇による体積効率の低下

重量なのである。

したがって, 図1-32のように, T_a, P_aの温度, 圧力条件で吸入した空気の体積を標準の状態 T_o, P_o に換算し, V_o を求めておくと便利である。そして V_o/V_h を充塡効率といい, η_c で表わす。

たとえば, 自動車の熱いエンジンルーム中の空気を吸入すれば, 体積効率が満足していても充塡効率は小さくなり, パワーは低下する。また, 吸気マニホールドが熱いと, 充塡効率は低くなる。もう少し詳しく触れると, エアクリーナーが目詰まりを起こしたり吸気系の抵抗が増えると, η_v, η_c ともに低くなる。さらにシリンダー壁面の温度が高いと吸入された空気が膨張し, シリンダーの中の圧力が上昇するので, その分空気を吸い込みにくくなり, η_v は小さくなる。したがって η_c も小さくなり, パワーの面では損となる(図1-33)。いずれにせよ, 体積効率をかせいでおかないと高い充塡効率を得ることはできない。

もう一度, 体積効率と充塡効率の定義の式を整理しておくと,

$$\eta_v = \frac{T_a, P_a における吸入空気の体積}{行程容積}$$

$$= \frac{T_a, P_a における吸入空気の重量}{T_a, P_a で行程容積を占める空気の重量} \quad \cdots\cdots (16)$$

$$\eta_c = \frac{標準状態(T_o, P_o)に換算した吸入空気の体積}{行程容積}$$

$$= \frac{吸入空気の重量}{標準状態(T_o, P_o)で行程容積を占める空気の重量} \quad \cdots (17)$$

$$= \frac{T_o}{T_a} \times \frac{P_a}{P_o} \times \eta_v$$

となる。この η_c をいかに大きくするかについては, 次章の吸気系の設計の項で詳しく述べることにする。

⑵燃焼特性

　不完全燃焼した燃料は、COや未燃のハイドロカーボン（炭化水素）として排出される。燃焼した燃料の重量により、発生する熱量は決まってしまう。たとえば、日本で市販されているガソリンの場合、(燃焼した燃料の重量)×10500kcalが仕事の源泉となる。ボイラーならこれでいいが、エンジンではいつ、どこでこの熱量が発生するかが問題となる。点火時期が遅れていると燃焼がなかなか完了せず、排気バルブが開いてもまだ燃えていることがある。これでは燃えることはできても、仕事にならない熱い排気をつくっていることになる。すなわち、燃料のもつ大切な熱エネルギーで排気温度を上げているのである。これでは無駄だ。神様が創った理想のエンジンでは、ピストンが上死点に達したときに一気に燃焼して熱を発生する。

　話を簡単にするため、冷却損失のないエンジンがあったとして、燃焼時間の影響を図1-34で説明する。もし、上死点で一瞬にして全熱エネルギーが発生し、ガス温度の上昇に使われれば、角のとがったPV線図となる。そのガス圧力はクリアランスボリューム（ピストンより上の空間の容積）が最も小さい上死点で図中のDのように最大となる。

　しかし、現実のエンジンでは図1-35のように、点火プラグで火花が飛び、火炎核が形成された後に、火炎となって燃焼室の隅々まで伝播するまでには時間を要する。この間にもエンジンはまわり続けピストンは移動し、クリアランスボリュームは変

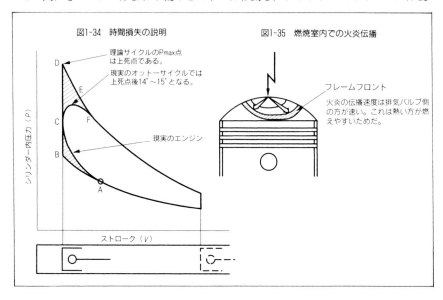

図1-34　時間損失の説明　　　図1-35　燃焼室内での火炎伝播

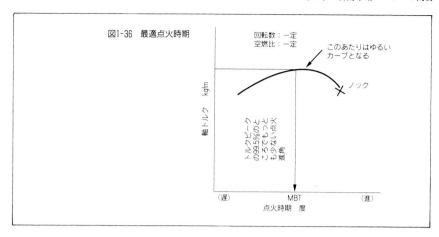

図1-36 最適点火時期

化している。そこで図のA点で点火し、有限の火炎伝播速度でありながら効率よくガス圧力を発生させる。もっとも効率よく軸トルクが得られる点火時期がMBT（Minimum Advance for the best Torque）である（図1-36）。図1-34のA点で火をつけるとやや遅れて圧力が立ち上がり、理論サイクルのA→Bよりハッチングの部分だけ圧力が大きいA→Cのような特性になる。次にピストンが上死点に達し、下降しだしても圧力は上昇し、上死点後クランクが14°～15°ほど回転したところで最大圧力（E点）に達する。点火時期が遅れていると、このE点はクランク角の大きい方、すなわち右の方へ移動し、その分P_{max}は小さくなる。

　上死点前に点火し、上死点を過ぎたところでシリンダー内ガス圧力が最大となるため、図1-34のハッチングの部分は損失となる。これが時間損失である。

　ABCおよびCDFの面積を小さくするためには、火炎の伝播速度を上げること、すなわち急速燃焼を実現することが必要である。急速燃焼は時間損失が少なくなるばかりでなく、空燃比の変動やEGR（Exhaust Gas Recirculation、排気還流）に対し、エンジンの安定性を保つことができるという利点がある。

　いかに多量の空気を吸入し、より多くの燃料を燃焼させても、その熱の発生の仕方によってエンジンの性能は異なる。可能な限り熱の発生期間は短く、しかも上死点近傍が良いのである。それを表わす特性として熱発生率がある。図1-26で述べた計測システムにより、シリンダー内のガス圧力を連続して測定し、そこからクランク角1°につき作動ガスに何％の熱が加わったか、あるいは何kcal（またはJ）の熱が加わったかを計算する。熱発生率の単位は％/deg、あるいはkcal/deg（またはJ/deg）である。

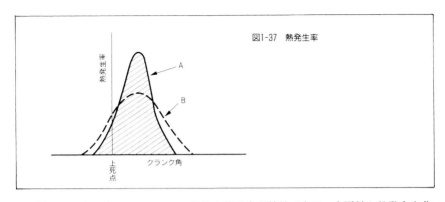
図1-37 熱発生率

　図1-37はガソリンエンジンの一般的な熱発生率特性である。水平軸と熱発生率曲線とで囲まれた部分の面積が，シリンダー内の作動ガスに加えられた熱エネルギーとなる。もし，図のAおよびBのような熱発生率のエンジンがある場合，Aの方が急速燃焼するので優れている。

③圧縮比

　圧縮比はエンジンの性能に大きく影響する。かつてはエンジンの性能を向上させるために①良い混合気，②良い圧縮，③良い火花の三条件がそろわなければならないといわれていた。現在でもこれにつけ加えることはあっても，この基本的な三つの条件は変わらない。②の"良い圧縮"とは，圧縮行程中に混合気がピストンリングとシリンダーとのすき間や，吸排気バルブの不密着部分などから逃げないことを指す。しかし，設計段階で決められた圧縮比は，エンジンのサイクル熱効率に次のような関わりをもつ。

　オットーサイクルの理論熱効率ηと圧縮比εとの間には，気体の比熱比をκとして，$\eta = 1 - \dfrac{1}{\varepsilon^{\kappa-1}}$の関係があることについては1-2-(1)で説明した。これを図示すると図1-38のようになり，圧縮比の増大に伴い理論熱効率は改善される。しかし，圧縮比が12くらいになると勾配は小さくなる。ここで，熱効率が良いということは，同じ熱エネルギーが加えられた場合，より多くの仕事をする，つまり出力が大きいことを意味する。上の式の熱力学的な考察については1-2-(1)を参照されたい。なお，現実のガソリンエンジンでは圧縮比があまり高くなると冷却損失が増大したり，ノッキングが起こるため点火時期を遅らさなければならず，かえって熱効率が低下する。したがって，圧縮比の上限としては15〜16くらいであろう。

　このサイクル効率の向上の他に，圧縮比を大きくすることによる主なメリットとして，次の二つがある。

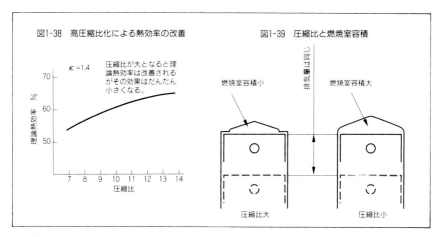

図1-38 高圧縮比化による熱効率の改善　　図1-39 圧縮比と燃焼室容積

1）図1-39に示すように，ピストンが上死点にきたときのクリアランスボリュームが小さくなるため，残留ガス量が少なくなる素質がある。
2）燃焼室がコンパクトになり，火炎の伝播時間が短くなるポテンシャルを有する。

これらにより，ますます熱発生率を大きくすることができる。または等容度（オットーサイクルの本来の姿はピストンが上死点にあるとき，すなわち容積一定のままで作動ガスに熱エネルギーが加えられる）が大きくなる。その結果さらに高出力化，低燃費化が図られ，また始動性の改善やアイドリング時などのエンジン安定度が向上する。しかし，圧縮比を上げるためには燃焼室設計の高度な技術が必要となる。これについては第2章のシリンダーヘッドの設計のところで述べるので，ここでは省略する。

ここで，圧縮比とは下死点時にピストンより上の部分の容積，1-2-(1)のV_1と上死点時の容積V_2との比である。一つのシリンダーの排気量をV_h，燃焼室容積をV_cとすれば，$V_1 = V_c + V_h$，$V_2 = V_c$であり，圧縮比εは，

$$\varepsilon = \frac{V_c + V_h}{V_c} = 1 + \frac{V_h}{V_c}$$

である。たとえば「一つのシリンダーの排気量が450cc，燃焼室容積50ccの場合，圧縮比はいくらか」という問題に対し，$\varepsilon = 450/50$すなわち9とするのは誤りである。下死点時におけるピストンより上の容積は$50 + 450 = 500$ccであり，これと燃焼室容積との比は$500/50 = 10$。これが定義による圧縮比である。

④空燃比

いくら燃料を供給しても，吸入した空気の重量を理論空燃比で割った以上の重量

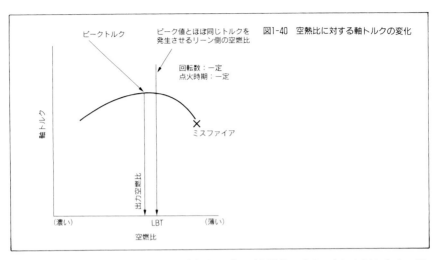

図1-40 空燃比に対する軸トルクの変化

　の燃料を燃やすことはできない。空燃比が薄い（空燃比が大きい）と空気が余る。燃えるものが少ないからシリンダー内ガス温度が低くなり、軸トルクは小さくなる。逆に濃い（空燃比が小さい）と燃料が余り、未燃のままか酸化反応途中の中間生成分の状態で排出される。さらに空燃比が濃くなりすぎると軸トルクは低下する。余った燃料が燃焼の邪魔をしたり、作動ガス温度の上昇をさまたげて、ガス圧力が上がらなくなるからである。また、点火プラグを汚損させると、ますます燃焼を悪化させる。空燃比は薄くなりすぎても濃くなりすぎても軸トルクは小さくなり、極端な場合にはミスファイアを起こす。

　空燃比に対する軸トルクは図1-40のようになり、上に凸のカーブとなる。もっとも出力が大きくなる空燃比を出力空燃比（出力混合比）といい、12.5～13くらいが一般的である。また、後に述べるエンジンのマッチングの手順の中で説明するLBT（Leaner Side for the Best Torque）は図1-40のように最大トルクの99.5％のトルクが得られるリーン側（薄い方）の空燃比のことである。ここで99.5％というのは気持ちの問題であり、トルクが最大となる高原状態のところの薄い側と考えて差しつかえない。

　また、冷間始動直後のようにエンジン温度が低いときには、燃料が気化せずかなりの部分が液状で、燃焼室壁やピストンの頂面にへばり付き、点火プラグの近傍は見かけの空燃比より薄くなる。したがって、それを補うため空燃比を濃くするのが安易な手段である。

　空燃比と混合比は同じであるが、これらの代わりに空気過剰率や当量比が用いられる場合があるので、図1-41で説明する。空気過剰率は燃料の重量を一定（たとえば

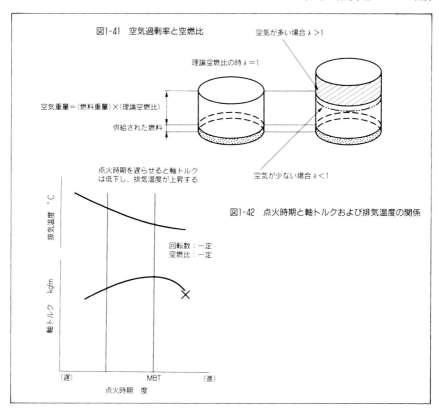

図1-41 空気過剰率と空燃比

図1-42 点火時期と軸トルクおよび排気温度の関係

1 kg)として，これと混合された空気の重量と理論空燃比のときの所要空気重量との比である。空気過剰率はよくλで表わされる。λ＝(そのときの空燃比)/(理論空燃比)であり，混合気が薄い(リーン)場合$\lambda > 1$，濃い(リッチ)場合は$\lambda < 1$となる。また当量比は空気過剰率の逆数Φで表わされることが多い。すなわち$\Phi = 1/\lambda$である。学問的には空気過剰率や当量比を用いた方が簡潔に説明できる場合がある。

⑤点火時期

空燃比とともにエンジンの特性にもっとも影響を与える運転変数である。点火時期と軸トルクとの関係は図1-36で説明したので，ここでは省略し，点火時期が遅れた場合の他の現象について説明する(図1-42)。

点火時期を遅らせると軸トルクが小さくなる。すなわち，エンジンのアウトプットが低下するということは，燃料のもつ熱エネルギーが仕事に換わらなかった部分が多くなったことを意味する。火をつけるのが遅かったため，ピストンがかなり下

がっても，まだシリンダー内には火が燃え広がっている。したがって，シリンダーライナーの下部の壁温が上がり，ここからの冷却系への放熱量が増大する。さらに排気バルブが開くときのガス温度が高いので，排気ポートから冷却系への伝達熱量が増大するし，排気温度が上昇する。熱効率が低下した分，燃料のもつエネルギーは熱となってしまうのである。これは熱の害を助長することを意味する。

⑥冷却水温度

冷却水(液)温度は高からず，低からずに保たなければならない。その"適温"はエンジンの運転状態によって本来なら変えるべきであるが，冷却系の大きな熱容量のため，まだ実用に供することができるようなシステムは開発されていない。ここでは冷却水温度に関する考え方を述べる。

冷却水温度が低いと，吸気マニホールドや吸気ポート中でのガソリンの蒸発量は減る。また，ピストン頭部の温度も低いため，本来ならピストンに燃料が触れて気化する量も少なくなる。たとえば図1-43のように，120℃ならば燃料は体積で40%強しか蒸発しないことになる。したがって，生のガソリンとして残る分を考慮して，空燃比を濃くする必要がある。しかし，空燃比が濃く点火プラグの温度が低いと点火プラグにデポジットが付き，ミスファイアを起こすこともある。また，空燃比が濃いことと燃焼速度が遅くなるのに加え，シリンダーとピストンや各部の摩擦損失が増大し，燃費が悪化する。さらに液状の燃料がピストンとシリンダーとのすき間を通ってオイルパンに落ち，エンジンオイルが燃料によって稀釈される。若干水温が低いくらいであれば充填効率は向上し，ノッキングも起きにくくなる。したがっ

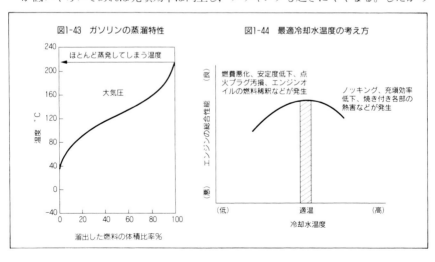

図1-43 ガソリンの蒸溜特性　　図1-44 最適冷却水温度の考え方

て，大きなパワーが必要なときは，冷却水温度は少し低めに設定した方がよいといえる。

一方，冷却水温度が高くなるとこれらとは逆の現象が起こるが，バイタルな問題はノッキングやデトネーションの発生と，充塡効率の低下およびガスケットの破損などの熱的な害である（図1-44）。

エンジンの作動温度は，これまでに説明してきた空燃比や点火時期の要求値およびエンジンの構造に大きな影響を与える。排気対策前のエンジンのサーモスタットには開弁温度78℃程度のものが使われていたが，排気および燃費性能が問題になってからは85℃や88℃などの，より高温のサーモスタットが使用されるようになっている。一般に最適冷却水温度は80℃〜90℃の間にある。レーシングエンジンの場合は80℃，排気対策エンジンでは88℃程度の冷却水温度を基準とするのが妥当なところであろう。

③の圧縮比，④の空燃比，⑤の点火時期および⑥の冷却水温度は互いに影響を及ぼし合うと同時に，エンジン側から見ると出力性能の他に排気や燃費性能，さらに騒音特性や運転性などからの要求がある。これらを考慮しながら，総合的に目標値を決めなければならない。

⑦回転数

出力を向上させる手段としてもっとも手っとり早いのが，回転数の増大である。回転数を大きく上げ，常用回転域を拡大すると，図1-45のように慣性過給や慣性排気が盛んになる回転数が出現する機会が多くなる。昔のように最高回転数が4000rpm程度のエンジンならばトルクの山は一つしか存在しなかったが，レーシングエンジンのように10000rpm以上回転させる場合には三つくらいのトルクピーク点を得ることができる。これについては次章の吸排気系の項で詳しく説明する。

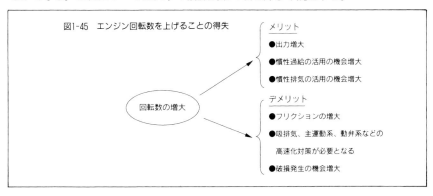

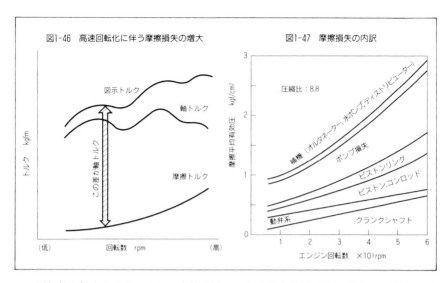

図1-46 高速回転化に伴う摩擦損失の増大
図1-47 摩擦損失の内訳

回転数を増大させることは，当然デメリットを伴う（図1-46）。摩擦トルクは，回転数のほぼ1.5乗で増大し，せっかく得た図示出力を相殺する。当然，燃費にはね返りをきたす。また，高速回転化させるための構造上の工夫が必要になるが，これについても後章に譲ることにする。

⑧フリクション

摩擦損失についてはこれまでにも述べてきたので，ここでは簡単に触れておく。図1-47は典型的な例として，1.8ℓの直列4シリンダーエンジンの摩擦損失の内訳を示す。これによりピストン（含，リング）とシリンダーとの摩擦および吸排気に伴う損失が大きいことがわかる。レーシングエンジンでもこれと同じ傾向を示す。これまでは定常運転時の摩擦損失について述べてきた。また，他の本などでも定常時の摩擦損失を取り扱っているが，実際には過渡時のトルク損失が問題である。

図1-48のようにエンジンの回転速度が上昇するときには，フライホイール，クランクシャフト，クランクプーリーや動弁駆動系の回転部分などの回転慣性やピストンおよびコネクティングロッドの往復慣性重量によって発生する慣性力がフリクションに加わる。ちょうど，自動車が加速するときの加速抵抗に相当する。したがって，エンジンの過渡状態におけるフリクショントルクは，慣性に起因するすべてをまとめ回転体と考えた等価回転慣性モーメントI_Eと，回転角加速度$\dot{\omega}$の積だけ増加することになる。これにより過渡時の摩擦トルク$T_f$tranは定常運転時の摩擦トルクをT_fとして，

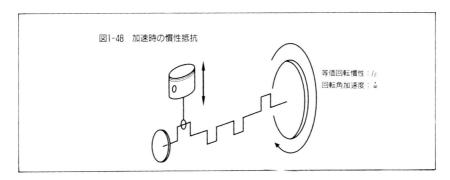

$T_f \text{tran} = T_f + I_E \dot{\omega}$

と考えられる。

　フリクションは邪魔なことだけではない。自動車のエンジンブレーキはこれによって利くのである。しかし、フライホイールの回転慣性が大きいと、加速時とは逆にこれが自動車の重量の一部になったように働く。これは減速時には上式の$\dot{\omega}$が負になることで理解できる。

(2)エンジンの運転環境に関連するもの
①大気圧，温度，湿度

　山に登ると大気圧は低下する。たとえば静岡県にある富士スピードウエイでは海抜600mほどの地点にあるため、平地の大気圧が760mmHgのとき、約700mmHgである。エンジンの体積効率が同じなら、NA（自然吸気）の場合、充填効率は平地の700/760＝0.92倍となる。したがって、P_{mi}は8％程度低下する。また、温度が変わると空気密度も変化する。レーシングエンジンのように高速で回転するエンジンでは、慣性過給点を回転数の高いところにマッチングするため、吸気マニホールドを短くする。そうすると音速の影響を受けやすく、過給点がずれることがある。

　このようにエンジンの出力性能は大気の影響を受けるため、同一条件で比較することが必要になる。したがって、出力性能の修正式が定められており、測定した出力を標準状態時に換算する方法がとられる。その標準状態は国情や目的によって異なるため、修正式は一つではない。表1-3に代表的な例を示す。しかし、基本となる考え方は同じである。日本はISO方式に統一している。

　表1-3の修正係数を与える式の中に湿度の項がないように見えるが、P_sは乾燥大気圧であり、測定全大気圧Pから水蒸気分圧を引いたものであり、湿度の影響は考慮さ

表1-3 出力修正式の比較

規格名		JIS, ISOネット	DIN	SAEネット	SAEグロス
修正方法	ガソリン	$P_c = P_e \times K$	$P_c = P_e \times K$	$P_c = P_e \times (1.18K - 0.18)$	
	ディーゼル	$P_c = P_e \times K$	$P_c = P_e \times K$	$P_c = P_e \times K$	
	記号説明	P_c: 修正軸出力		P_e: 測定軸出力	
規格番号		JIS D1001 ISO-1585-1982	DIN 70020-1976	SAE J 1349 JUN 85	
標準大気状態	吸気温度	(25℃)298K	(20℃)293K	(25℃)298K	
	全大気圧力	100kPa	(1013mb)101.3kPa	100kPa	
	乾燥大気圧力	99kPa	―	99kPa	
	水蒸気圧力	1kPa	―	1kPa	
修正式		ガソリンエンジン $K=\left(\frac{99}{P_s}\right)^{1.2}\left(\frac{T}{298}\right)^{0.6}$ ディーゼルエンジン $K=f_a/f_m$ NA, SCは $f_a=\frac{99}{P_s}\left(\frac{T}{298}\right)^{0.7}$ TCは $f_a=\left(\frac{99}{P_s}\right)^{0.7}\left(\frac{T}{298}\right)^{1.5}$ ただし, $f_m=0.036\times\frac{q_1}{P_2/P_1}$ -1.14 $0.3 \leq f_m \leq 1.2$	ガソリン, ディーゼルエンジンともに $K=\frac{101.3}{P}\left(\frac{T}{293}\right)^{0.5}$	ガソリンエンジン $K=\left(\frac{99}{P_s}\right)^{1.2}\left(\frac{T}{298}\right)^{0.6}$ ディーゼルエンジン $K=f_a/f_m$ NA, SCは $f_a=\frac{99}{P_s}\left(\frac{T}{298}\right)^{0.7}$ TCは $f_a=\left(\frac{99}{P_s}\right)^{0.7}\left(\frac{T}{298}\right)^{1.5}$ ただし, $f_m=0.036\times\frac{q_2}{P_2/P_1}$ -1.14 $0.3 \leq f_m \leq 1.2$	

K : 修正式
T : 測定吸気温度(K)
P_s : 測定乾燥大気圧(kPa)
P : 測定全大気圧(kPa)
NA : 自然吸気エンジン
SC : 機械過給エンジン
TC : ターボ過給エンジン
f_a : 大気係数
f_m : 空燃比係数
q_1 : 燃料流量(mg/1サイクル)
q_2 : 燃料流量(mm³/1サイクル)
P_1 : ターボ前吸気圧力(kPa)
P_2 : ターボ後吸気圧力(kPa)
T_1 : ターボ前吸気温度(K)
T_2 : ターボ後吸気温度(K)

れている。また，これらの修正式は実験式的な要素が大きいことに留意する必要がある。

② 排圧

動力計でエンジンの出力を測定するとき，あるいは自動車でも排気系に詰まりや管の極端な曲がりなどがあると，排気圧力が上昇する。これは残留ガスを増加させ，新気の吸入をさまたげ，また燃焼も悪化させる。その他に排圧の増大に伴ってポンピングロスも増加する。その大きさは排圧の上昇分(P)×流量(V)の仕事，すなわち Pkgf/m² × Vm³ = PVkgfmとなる。これが排気抵抗の増大に抗して排ガスを押し出す余分な仕事である。したがって，これを単位時間の仕事に直し，75kgfm/sで割ると馬力の損失が求められる。たとえば，排圧が0.2kgf/cm²(152mmHg)増大し，流量が毎分10m³であれば，$\frac{1}{75} \times 0.2 \times 10^4 \times \frac{10}{60} = 4.4$psの出力低下は避けられない。

ここで圧力と体積の意味について図1-49で説明する。圧縮したガスがあれば，これで弾丸を発射させることができる。体積が大であれば，より多くの弾丸の発射が可能である。すなわち，より大きな仕事ができる。また，逆にこの圧力×体積の圧縮ガスをつくるためには外部から仕事をしてもらうか，あらかじめ封じ込めてお

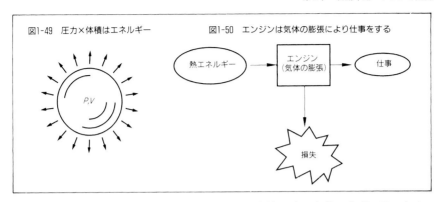

図1-49 圧力×体積はエネルギー　　図1-50 エンジンは気体の膨張により仕事をする

たガスを加熱して圧力を上げなければならない。圧力のある気体は仕事の元, あるいはエネルギーなのである(図1-50)。

(3)熱力学的な考え方

　熱力学はエンジンの性能と一緒に学べば, 決して抽象的な学問ではない。大学の教養課程で熱力学を習い, 専門課程で内燃機関の講義を受ける場合が多いので関連がつかみにくい。しかし, エンジンの性能や特性を理解するためには熱力学的な考え方が必要であり, 折りに触れ対応づけながら説明することにする。

　本章の1-2でオットーサイクル, ディーゼルサイクル, サバテサイクルの作動原理を熱力学的な面から説明した。エンジンは熱エネルギーを仕事に換える機械であり, その変換過程で必ず気体が存在する。気体は温度が上がると体積が大きくなるので, 封じ込めておけば圧力が上昇する。これが膨張する際に仕事をするのである。

　②の排圧上昇による無駄な仕事のところで述べたが,圧力(P)×体積(V)はエネルギーであり仕事の源である。ここではエンタルピーとエントロピーについて説明する。この二つの技術用語の聞こえは似ているが, 意味するところはまったく異なっている。

　エンタルピー(H)は圧力(P)と体積(V)の積にその気体の内部エネルギー(E)を加えたものである。単位はJであるが, 当然, kcal, kgfm, kWhに換算することができる。すなわち, $H=P\times V+E$で, また, 単位質量当たりのエンタルピー(h)は$h=P\times v+e$となる。圧縮ガスの中に秘めたるエネルギーがあればエンタルピーはその分, 大きくなる。図1-51のようにターボは排気のエネルギーで仕事をし, 吸入空気を圧縮する。したがって, 吸気はエネルギーを得るのである。これはターボエンジンの場合, 吸気の温度が上昇し, しばしばインタークーラーが必要になることか

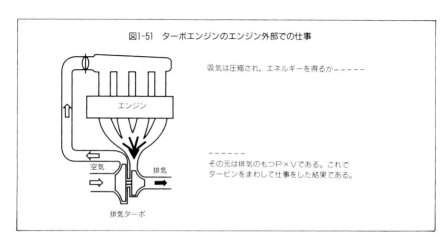

図1-51　ターボエンジンのエンジン外部での仕事

吸気は圧縮され，エネルギーを得るが‒‒‒‒‒

‒‒‒‒‒‒その元は排気のもつP×Vである。これでタービンをまわして仕事をした結果である。

らも理解できるであろう。

　一方，エントロピーをひらたくいえば，同じ熱エネルギーでも仕事ができる熱量と，そうでないエネルギーとの区別を表わす指標である。このエントロピーを説明するため，少し難しくなるがカルノーサイクルについて触れておく。

　カルノーサイクルはオットーサイクルやガソリンエンジンの祖先ともいうべき理論上のサイクルである。カルノーサイクルは図1-52のように二つの等温変化と二つの断熱変化を組み合わせたサイクルである。3→4間の等温膨張時に熱Q_1がこの系に入り，1→2間の等温圧縮時に熱Q_2を捨てる。そして，等温膨張の後に断熱膨張が，等温圧縮の後に断熱圧縮が続く。オットーサイクルの場合と同様に，これらの四つの曲線で囲まれた四辺形状の部分の面積が仕事に相当する。1→2間で気体は圧縮されるので，本来ならば温度が上がるはずであるが，ここで低熱源にQ_1の熱を捨て，温度を一定に保つ。2→3間は断熱圧縮であり熱の出入りはなく，ガスの温

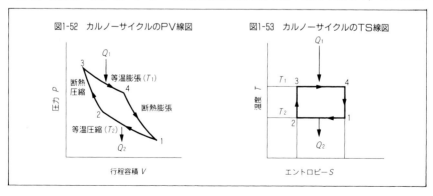

図1-52　カルノーサイクルのPV線図　　図1-53　カルノーサイクルのTS線図

度は上昇する。3→4間は気体が膨張するので本来ならば温度が下がるはずであるが、高熱源から熱Q_1を得て温度を一定に保つ。4→1間は断熱膨張であるので熱の出入りはない。このカルノーサイクルの気体の温度Tとエントロピーの関係を示すと図1-53のようになる。エントロピーは移動した熱量とそのときの絶対温度との比と考えればよい。その単位はJ/kである。

微小な熱量ΔQが温度Tのもとで移動した際のエントロピーの変化ΔSを$\Delta S = \dfrac{\Delta Q}{T}$と定義すると、1の状態から2の状態になったときの変化は$\int_1^2 \dfrac{dQ}{T}$となる。

インテグラル(積分記号)の上下の2、1はそれぞれの状態を表わす。すなわち、2の状態と1の状態のことである。熱の出入りがなければ常に$\Delta S = 0$であるからエントロピーの変化はない。すなわち可逆である。しかし、実際のエンジンを設計するとき、このエントロピーという言葉が出てくることはまずない。むしろエントロピー的な考え方が大切なのである。

たとえば20℃の水300ℓ(300kgf)が40℃まで温められたとすると、300kgf×1kcal/kgf℃×(40−20)℃＝6000kcalの熱量が加えられたことになる。しかし、同じ6000kcalの熱量でも、過熱蒸気のように高温の場合にはピストンを押したり、タービンをまわして仕事をすることができる。風呂桶一杯の水が授受した6000kcalでは何も仕事をすることはできない。すなわち低い温度では$\Delta Q/T$のTが小さく、したがってΔSが大きくなるが、高温では逆にエントロピーは小さくなる。

世の中のエントロピーは増大傾向にある。図1-54においてタービンをまわし、その使用済みの蒸気を水に吸収させれば、お湯を湧かすことができる。そのプロセスでエントロピーは大きくなっていく。エントロピーが増大すると、これを元にもどすのにエネルギーが要る。このように自ら元にもどることができない変化を不可逆変化という。

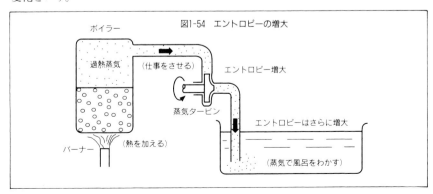

図1-54 エントロピーの増大

エントロピーとは違うが，これをたとえて説明すると，砂糖と塩が1kgfずつある。この状態だと料理などにすぐ使えるが，これを混ぜて2kgfにしてしまうとまず利用価値はない。2kgfの混合物を元の状態にもどすためには溶解度の差を使うなど，いろいろな手練手管を労さなければならないのである。

　ここで熱力学の第二法則に触れておくと，熱はそれ自身で低い方から高い方へ移動することはできないのである。夏，クーラーで室内の熱をこれより温度の高い室外に捨てるためにはエネルギーを要する。また，この法則は，外部に何も変化を残さないで，ある熱源から熱を得て，それを継続して仕事に換える第二種の永久機関を実現することができないことをも意味している。

第2章 エンジンの構造および性能追求

　エンジンを構成する部品は，シリンダーブロックやヘッドのような大物部品からボルトやナットに至るまでさまざまである．部品の種類は自然吸気エンジンで約350，総個数は4気筒エンジンの場合でざっと1500である．これらは，どこまでをエンジン部品と定義するかによって異なるが，ここではエアクリーナーから排気マニホールドまでをそう呼ぶことにする．また，部品の種類や個数は可変機構やバルブ間隙自動調整装置の有無などによっても大きく変わってくる．本書では，触媒はエンジンから出た排気の後処理システムの一つ，すなわちエンジンにとって必要不可欠のものと考え，O_2センサー（空燃比センサー）などとともにエンジン構成要素に加えることにする．

　この多くの部品をエンジン構成機能を中心に大別し，15頁の図1-1で述べたように何々系と称する．この大分類した系と，これを構成する部品の例を表2-1に示す．吸気系と排気系を一緒にして吸排気系と呼ぶこともある．また，マフラーや車両の床下に配設される排気管（フロントチューブやリアチューブ）は，一般にシャシーの開発担当部門が設計を担当する．

　さて，エンジンの構造を説明する前に，エンジンの設計に当たって行われる一連の手順について少し触れておく．エンジンを開発するときには，いきなり部品の設計にとりかかるのではなく，全体の概念（コンセプト）を明確にして，目標性能（出

表2-1　エンジンを構成する部品とその分類

No.	分類	構成部品の例（　）内は車両関連部品
1	本体構造系	シリンダーブロック，シリンダーヘッド，オイルパン，ヘッドカバー
2	主運動系	ピストン，コネクティングロッド，クランクシャフト，フライホイール
3	動弁系	バルブ，カムシャフト，タペット，バルブスプリング，タイミングベルト
4	吸気系	吸気マニホールド，コレクター，スロットルチャンバー，エアクリーナー
5	排気系	排気マニホールド，触媒（マフラー，フロントチューブ，リアチューブ）
6	冷却系	ウォーターポンプ，サーモスタット（ラジエター，リザーバータンク，ホース）
7	潤滑系	オイルポンプ，オイルストレーナー，オイルフィルター
8	制御系	コントロールユニット，エアフローメーター，クランク角センサー，ノックセンサー
9	燃料供給系	燃料ポンプ，インジェクター，プレッシャーレギュレーター，燃料フィルター
10	点火系	イグニッションコイル，点火プラグ，ディストリビューター
11	補機類	オルタネーター（パワーステアリングポンプ，エアコン用コンプレッサー）

力，トルク特性，燃費，騒音，振動，重量，パッケージサイズなど）を満たすように各部を検討し，設計図面にまとめていく。図2-1のようにクルマはあくまでもマーケットにミートし，社会に受け入れられなければならない。その一部として，エンジンはどうあるべきかを考える。最初にエンジンがあり，これをどのクルマに搭載しようかというのでは，近似解は得られてもベストの解とはなりにくい。クルマあってのエンジンなのである。

図2-1のマーケットとは，クルマのユーザー，クルマを買ってくれる顧客の要求である。そして，車両の企画には社会的な要求，たとえば排気や騒音規制，省エネルギー，リサイクルなどが反映される。クルマの企画が具体化されるのにしたがい，エンジンへの要求性能が明らかになっていく。その性能を満たすようにエンジンのレイアウトがなされ，各部品間の関連部分が決められる。たとえば，この大きさにすると，継ぎ部分をどうするかなどが明らかになるので，部品を設計することができるようになる。部品を設計していく段階で，どうしても上流工程で見直しが必要になることもあり，このときにはフィードバックが行われる。エンジンの企画，レイアウトがしっかりしており，開発のリーダーが優れていれば，無駄がなくなり設

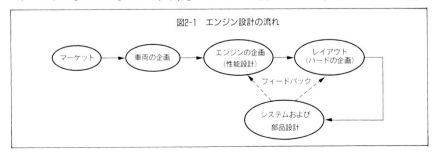

図2-1　エンジン設計の流れ

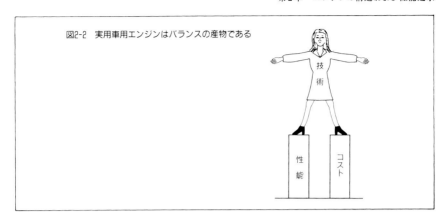
図2-2 実用車用エンジンはバランスの産物である

計の進捗がスムーズにいく。ここで一言つけ加えておきたいのは，実用車のエンジンは，コストと性能とのバランスの上に成立した，技術の集大成であるということである(図2-2)。

本章では，比較的部品単体として扱いやすい本体構造系から排気系までについて述べ，システムとして取り扱った方が理解しやすいエンジン制御システム，吸排気システムや冷却系などについては，次章で説明することにする。

2-1. 本体構造系

(1)シリンダーブロックと主軸受(メインベアリング)

シリンダーブロックはエンジンの背骨ともいえる強度を有し，内部に主運動系を収納する。強大な燃焼ガス力や慣性力によって変形し，ピストンの摺動やクランクシャフトの回転にしぶりを発生させないように設計することが必要である。シリンダーブロックはもっとも大型のエンジンパーツであり，この重さは直接エンジン重量に影響を与える。その基本的な機能あるいは構成要件を表2-2に示す。

この表にあげた以外にも，シリンダーヘッドを締結するためのヘッドボルトネジ

表2-2 シリンダーブロックの基本的な役割

No.	機能または構成
1	クランクシャフトを回転自在に支持
2	ピストンの気密摺動ライナーを形成
3	ウォータージャケットとシリンダーヘッドへの冷却水分配
4	オイルギャラリーを形成し潤滑油を分配
5	エンジンマウンティング部を形成
6	補機類取り付け部を形成
7	変速機との結合部を形成

部，オイルパンやフロントカバー取り付けフランジは当然必要である。また，オイルフィルターやオイルプレッシャーゲージ，ノックセンサー取り付け部をシリンダーブロック上に設ける場合が多い。さらに機能的に重要なのは，シリンダーヘッドとクランクケース間のブローバイ通路を確保することと，素直な位置にオイルレベルゲージ挿入口を取り付けておくことでもある。これを後まわしにすると，オイルのシリンダーヘッドからのもどりが悪くなったり，オイルレベル点検時に思わぬ不便を感じたりすることになる。

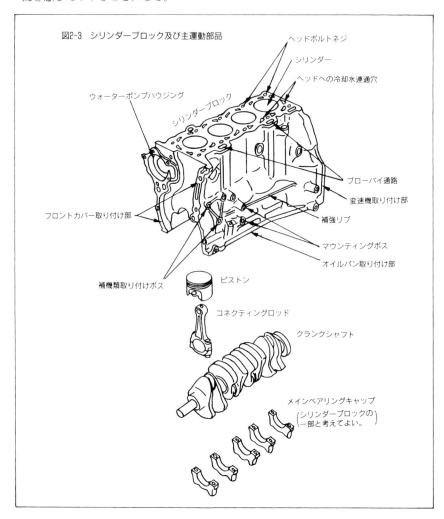

図2-3 シリンダーブロック及び主運動部品

図2-4 アルミ合金製のシリンダーブロック

図2-5 ベアリングキャップ
とベアリングビーム

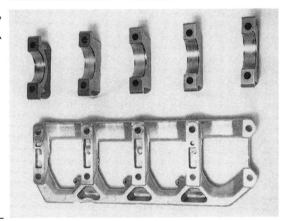

シリンダーブロックと，これに直接装着される主運動系を図2-3に示す。メインベアリングキャップは，シリンダーブロックに組み付けておいて内面が加工され，軸受ハウジングとなるので，シリンダーブロックの一部と考えてよい。以下，シリンダーブロックがなぜこのような形状になるかについて考えてみよう。

①曲げ，ねじれ剛性の確保

剛性と一口にいっても静剛性と動剛性がある。静剛性はぐいっと力が加わったときの変形のしにくさを表わすのに対し，動剛性は周期的に力が変化しながら作用するときの剛さを指す。図2-6のように荷重が周期的に加わる場合，その力が小さくても大きく変形することがある。とくに共振周波数のときには激しく振動し，第5章で詳しく説明するが，騒音特性に大きく影響する。ぐいっと力が加わったときにシ

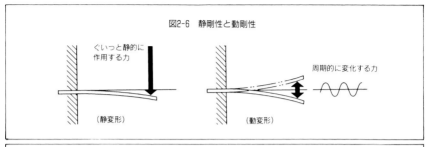

図2-6 静剛性と動剛性

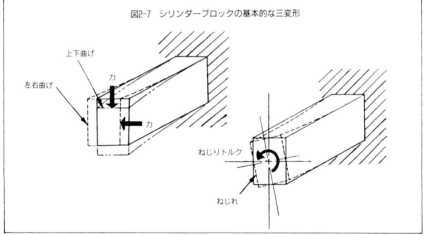

図2-7 シリンダーブロックの基本的な三変形

リンダーブロックが変形してしまうと、クランクシャフトの回転にしぶりが生ずる。本来ならば中心が一直線上にあるべき主軸受のアライメントが狂うからである。また、シリンダーが変形すると、当然ガスの吹き抜けやピストンのスカッフなどを引き起こす。シリンダーブロックは最初から十分な静剛性を確保しておくことが必要である。なお、動剛性については後で触れるので、ここでは省略する。

ねじれ変形は、図2-7の右側のようにクランクシャフトを回転させようとする力の反力などによって生ずる。これらの変形は単独ではなく同時に発生するので、複雑な変形モードとなる。シリンダーブロックの剛性が不足したために問題を起こした例は多い。

②ハーフスカートとディープスカート

シリンダーよりも下方でクランクケースを形成する部分をスカートと称する。この部分もシリンダーブロックの剛性に大きく影響するので、エンジンの基本設計時に方針として形式を決定する。話はそれるが、方針とは二者択一のとき、担当者が

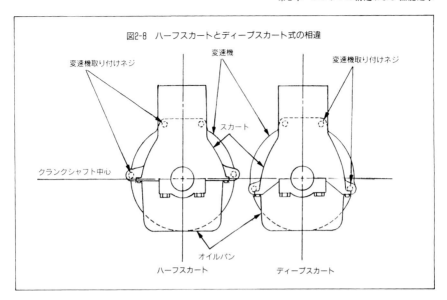

図2-8 ハーフスカートとディープスカート式の相違

迷わないようにするためのものである。たとえば,「性能とコストを勘案しながら最適なものを選ぶ」というのは方針ではなく,単なる心得である。これではAという仕様で100ps出せるがコストは10万円,Bの仕様では98psだが8万円でできるというような場合,設計者は決断を下すことができない。"性能第一"あるいはもっと具体的に"100ps達成"という方針があれば迷わずAを採用し,それからコストダウンに専念することができる。明確な方針を出すことが先決である。

さて,図2-8のようにスカートの形式には二通りあり,それぞれ得失がある。形状の特徴としては,ハーフスカート式はスカートの下端がクランクシャフトの中心,あるいはこの近く(5 mm程度下に延長する場合が多い)であるのに対し,ディープスカート式はもっとスカートを延ばし(たとえば60mm)オイルパンの方を浅くしている。一般にディープスカート式の方が上下曲げ(縦曲げ),左右曲げ(横曲げ)の各剛性は高くなる。しかし,重量はスカートが長い分,増加する。

シリンダーブロックの重要な機能の一つに変速機との結合部の形成があるが,その結合剛性は騒音振動特性に影響する。この点でディープスカート式は変速機取り付け部をクランクシャフト中心より下方にも配設できるので有利である。

こう述べるとディープスカート式が良いように思えるが,それは設計者の腕次第である。まずい設計のディープスカート式ほど始末におえないものはない。ハーフスカート式でもベアリングビーム(図2-9)やラダービームで補強すれば高剛性化を実

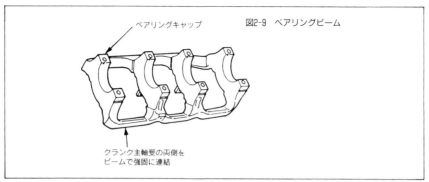

図2-9 ベアリングビーム

ベアリングキャップ

クランク主軸受の両側を
ビームで強固に連結

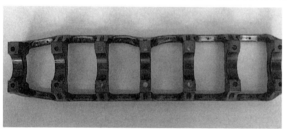

図2-10 直6エンジン用の一体型
ベアリングビーム

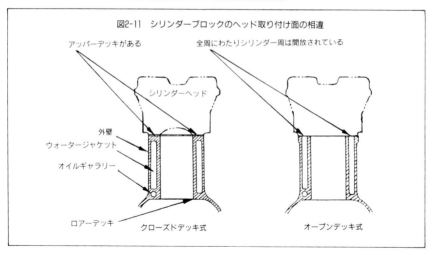

図2-11 シリンダーブロックのヘッド取り付け面の相違

アッパーデッキがある　　　全周にわたりシリンダー周は開放されている

シリンダーヘッド

外壁
ウォータージャケット
オイルギャラリー

ロアーデッキ　　クローズドデッキ式　　　　オープンデッキ式

現できる。それが技術というものであり、軽量化で有利なハーフスカート式で剛性
を確保すればそれにこしたことはない。

③クローズドデッキとオープンデッキ

　シリンダーブロックにはシリンダーヘッドとの合わせ面になるアッパーデッキが

あるクローズドデッキ式と，シリンダーの上面と外壁のそれとが直接合わせ面を形成するオープンデッキ式がある（図2-11）。クローズドデッキ式は剛性を高く保つことができるが，ウォータージャケットを形成するのに手間がかかる。ジャケット中子を鋳込み，後で鋳砂をかき出さなければならない。これに対し，オープンデッキ式は剛性が低くなり，また外壁も上部が固定されていないため振動しやすいが，ウォータージャケットの創成が容易である。とくにアルミダイキャストでシリンダーブロックをつくる場合，ジャケットも金型として上方に抜くことができる。したがって，全金型製とすることが可能であり，生産性が高く，均一の品質を得ることができる。

また，⑤で説明するサイアミーズドシリンダーとすることで，曲げ剛性を確保しながら，軽量化とコンパクト化およびコストダウンを実現できる。

④ モノブロックとライナー入りブロック

ピストン，ピストンリングが摺動するシリンダーはエンジンの性能と耐久性に大きな影響を与える。以前はシリンダーが摩耗すると内面を再研磨するのが常で，シリンダーを再生する研磨業であるボーリング屋が存在するなど，エンジンの重整備にはシリンダーの研削とオーバーサイズのピストンがつきものであった。しかし，最近では乗用車の場合，クルマの生涯を通じてシリンダーをボーリングするのはまれになった。

シリンダー部分を大別すると図2-12のように三つに分けられる。

(a)はモノブロックといわれるもので，シリンダーも他の部分と一緒に鋳造成形されている。鋳鉄製のシリンダーブロックはほとんどこの方式である。アルミ合金製のモノブロックではシリンダー内面にシリコンを析出させたり，硬質のクロームメ

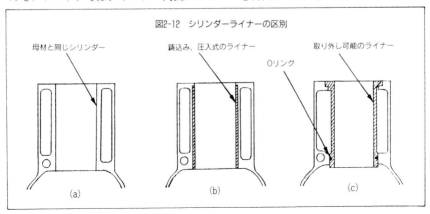

図2-12　シリンダーライナーの区別

図2-13 鋳込み式のシリンダーライナー

アルミの母材のシリンダーブロックに鋳鉄製のライナーが鋳込まれている。

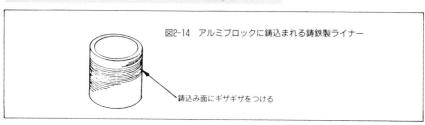

図2-14 アルミブロックに鋳込まれる鋳鉄製ライナー

鋳込み面にギザギザをつける

ッキを施したりする。まだ実用化されてはいないが，耐摩耗性の良い材料をプラズマ溶射したり，線爆溶射する方法なども考えられている。

アルミ合金製のシリンダーブロック，通称アルミブロックの場合，(b)のように乾式のライナーを鋳込んだり，圧入や焼きばめをしている。すなわち，ライナーをブロック本体の材質とは変え，耐摩耗性のある材質としている。一般に鋳鉄製で鋳ぐるむ場合，母材との結合を良くするため図2-14のようにライナーの外面にバイト目を残すように加工するのが一般的である。シリンダーの内面は一体鋳造後，仕上げ加工される。

(c)は別体で機械加工されたライナーを完成したシリンダーブロックに挿入する方式で，ライナーの外側が直接冷却水に触れる。そのためウェットライナー，あるいは湿式ライナーと呼ばれている。水密性を確保するためOリングや精密加工したフランジ面を用いる。このウェットライナーは，アルミやマグネシウム合金製シリンダーブロックのレーシングエンジンではよく用いられている。また，鋳鉄製のシリンダーブロックの大型トラック用のディーゼルエンジンでは，整備性の面から採用される場合がある。

ウェットライナーの場合，シリンダーブロックの中骨としての働きがないため，ブロックの強度面では(a)や(b)より不利となる。しかし，筆者のレーシングエンジンの設計経験からいえば，それもエンジニアの技術力次第のところがある。レーシングエンジンでは冷却性の良いアルミ合金製のウェットライナーを用いる場合が多い。

⑤サイアミーズドシリンダー

ボア間の距離を詰めてエンジン全長を短縮する場合，図2-15のようにシリンダーを連結し，サイアミーズ化せざるを得ないことがある。シリンダーが互いにつながるのでシリンダーブロックの剛性向上には有利であるが，冷却が均一に行われないとシリンダーの熱変形を生じさせやすい。とくにオープンデッキ(図2-11)のアルミ合金製のシリンダーブロックでは，強度上サイアミーズドとすることが多い。

サイアミーズド型の場合の泣きどころの一つは，シリンダー上部の冷却である。これを改善するために図2-16のようにドリルで連結穴を開ける。直径3mmくらいの穴でもかなりの効果がある。また，空気抜きのためにも開けた方が良い。

また，オープンデッキ式の場合は，ドリル穴の代わりに薄いカッターで溝を入れると大きな効果が得られる。この溝はあまり深く入れるとサイアミーズドシリンダ

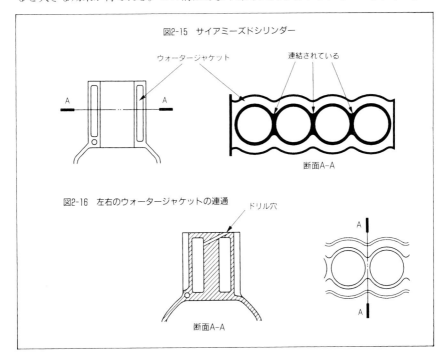

図2-15 サイアミーズドシリンダー

図2-16 左右のウォータージャケットの連通

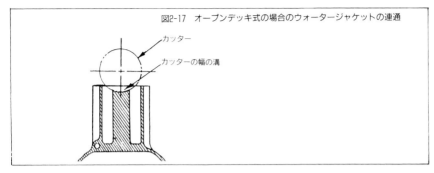

図2-17 オープンデッキ式の場合のウォータージャケットの連通

一の強度上の利点を失いかねないので注意を要する。

⑥シリンダーヘッドボルトの配設

　シリンダーブロックとヘッドを一体に鋳造したり溶接した例もあるが、これはごくまれである。実用性の面では別体のシリンダーブロックとヘッドを、ガスケットを介してボルトで締結する。シリンダーブロックとヘッドの結合は、高圧の燃焼ガスや冷却水、潤滑油、ブローバイガスシールのためだけでなく、シリンダーブロックとヘッドが一体となってエンジン剛性を上げるためにも強固でなければならない。合わせ面の面圧の均一化の点ではヘッドボルトの数を多くした方が有利であるが、構造的に制約を受ける。初期のサイドバルブエンジンであれば、図1-2のように何本でもヘッドボルトを配設する余地はあったが、シリンダーヘッドがOHC化し複雑になると、ボルト数を増やすと吸排気ポートやカムシャフトなどと干渉するようになる。図2-18のように4本締めが無難なところである。しかし、筆者が開発にたずさわったレーシングエンジンで工夫をこらし8本締めを行ったが、効果は抜群であったという経験を有している。

　シリンダーブロックを単体で加工し、シリンダーヘッドを取り付けると、図2-20のようにヘッドボルトの方向にシリンダーが引っ張られ、つれたように変形することがある。ひどい場合には85mmくらいのシリンダー径で50μm以上変形することがある。50μmといえば細い髪の毛が入るすき間であり、ガスもれや偏摩耗、ピストンリ

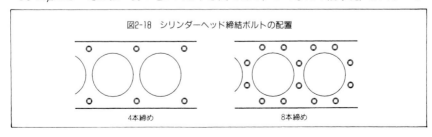

図2-18 シリンダーヘッド締結ボルトの配置

4本締め　　　　　　　　　　8本締め

第2章　エンジンの構造および性能追求

図2-19　シリンダーブロックの
　　　　　アッパーデッキ

ヘッドボルトのネジ穴と水穴との関係
およびシリンダー間のスリットに注意。

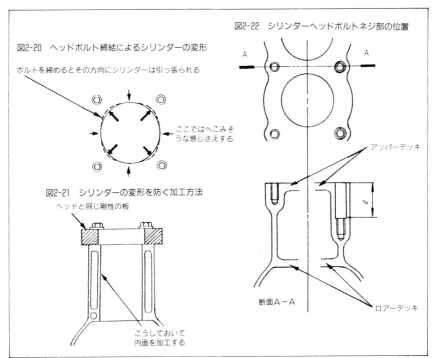

図2-20　ヘッドボルト締結によるシリンダーの変形

ボルトを締めるとその方向にシリンダーは引っ張られる

ここではへこみそうな感じさえする

図2-21　シリンダーの変形を防ぐ加工方法

ヘッドと同じ剛性の板

こうしておいて内面を加工する

図2-22　シリンダーヘッドボルトネジ部の位置

アッパーデッキ

断面A-A

ロアーデッキ

ングのこう着などの原因となる。その対策方法の一つとして，シリンダーヘッドと同じ剛性をもつ板を図2-21のように取り付けて内面の加工を行う。これによって，シリンダーヘッドを結合した場合と同じようなシリンダーの状態を再現できる。

　がっしりした鋳鉄製のシリンダーブロックでは，ヘッドボルトのネジがアッパー

デッキ表面にずらりと並んでいる場合が多い(図2-22の下の左側)。アルミ合金製のシリンダーブロックでは図2-22の下右のようにlの長さだけ穴を開け、その奥にネジが切られているものもある。ヘッドボルトの位置は、平面的にも空間的にも考慮され決められている。

　これはシリンダーブロックのどの部分に力を加えるのが得策かで決まる。ネジ部を深くすることは、それだけボルト(図中のl)が長くなることで、ボルト自体のバネ定数が下がることをあらかじめ計算に入れる。以前はヘッドボルトの締め付けトルクは何kgfmというように決められていたが、最近では塑性域締結法を用い、ボルトの軸力の変化を少なくするようにしている。たとえば、ボルトの座が当たってから何度まわすとか、まず2kgfmで締めておいて、次にさらに90°締め込むというような具合いである。この塑性域締結法については、これだけで本が書けそうなくらい奥が深い。

⑦メインベアリング

　シリンダーとともに変形に対して敏感なのが、クランクシャフトを支持するメインベアリングである。メインベアリングは、シリンダーブロックの一部とメインベアリングキャップで構成される。内部にベアリングメタルを装着するので、ベアリングハウジングをブロック部とキャップ部で形成する。したがって、内面はキャップをブロックに組み付けて、各ベアリングを一体にラインボーリングし、アライメントを出している。

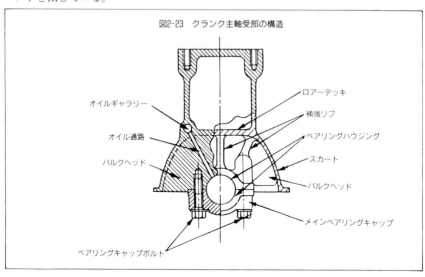

図2-23　クランク主軸受部の構造

図2-24 バルクヘッドとブロック側の主軸受

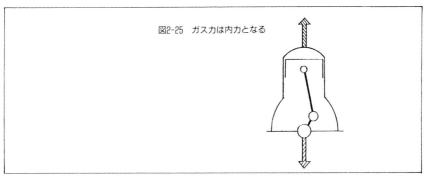

図2-25 ガス力は内力となる

　図2-25のように燃焼によって生ずる強大なガス力は，そのままメインベアリング（クランク主軸受）に作用する。すなわちヘッド側の燃焼室に加わったのと同じ大きさの力が，ピストンからコネクティングロッドを経由してメインベアリングに加わる。一方，メインベアリング部はバルクヘッド（各シリンダーの間の隔壁）にぶら下がるように支持されているので，補強リブでハウジングまわりをロアーデッキに連結されている。また，オイル通路の周りに管状に肉をつけてボスとしている例も多い。そして，ヘッドボルトネジ部の力がブロックの外壁を通してベアリングキャップボルトに滑らかに伝わるよう，すなわちその途中で変な曲げモーメントを発生させたり，応力が集中して局部的な変形や破損を招かないような形状とする。ベアリングハウジングが真円を保ち，かつ一直線上に並び，その部分が強固にブロックのロアーデッキに支持されるようにしなければならない。

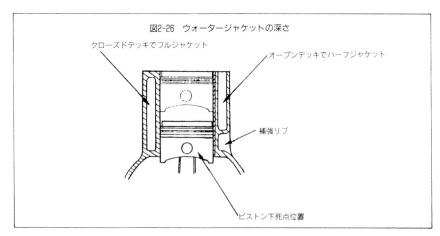

図2-26 ウォータージャケットの深さ

⑧ウォータージャケット

　一般にウォーターポンプから吐出された冷却水はウォータージャケットに入り，シリンダーヘッドのウォータージャケットへと流れる。ウォータージャケットの容量が大きいとウォームアップ時間がそれだけ長くなる。エンジンの軽量化のためにも，ウォータージャケット冷却水の流れる断面積を狭くする。大切なのはその深さである。図2-26の左側はロアーデッキまで冷却水が届くフルジャケット，右側はピストンが下死点に到達する際にコンプレッションリングが達するあたりまでのライナー部を積極的に冷却するようにしたハーフジャケットの例である。とくにオープンデッキ式の場合には，金型のジャケット中子を熱的強度上あまり長くできないため，ハーフジャケットが一般的である。この場合，シリンダーブロックの中間がくびれると強度，剛性が低下するので，縦にリブを入れてジャケット外壁とスカート部を連結する。

　ところで，シリンダーライナーの温度であるが，上部が200℃を越えても下方は100℃くらいであり，下部の冷却はほとんど必要ない。ウォータージャケットの容積はシリンダーのどこまでを冷却するか，さらにウォームアップ特性も考慮に入れて決められる。冷却水がよどまず，空気のたまりが生じないようにスムーズに流れ，シリンダーごとの冷却特性にバラツキがないように設計することが大切である。

⑨シリンダーブロックのバランス

　エンジンの中で最大の部品であるシリンダーブロックのバランスは，全体に影響を与える。ここでいうバランスとは重量的なバランスのことではない。表2-2に示した機能を過不足なく果たし，軽量でつくりやすく見栄えが良く，しかもコストがか

第2章　エンジンの構造および性能追求

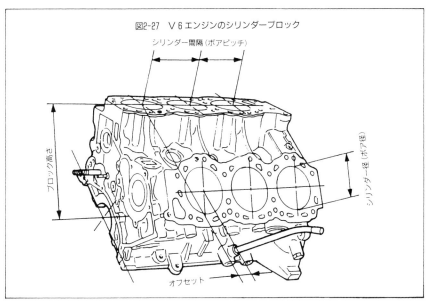

図2-27　V6エンジンのシリンダーブロック

図2-28
直6エンジン用の鋳鉄製シリンダーブロックと一体型主軸受

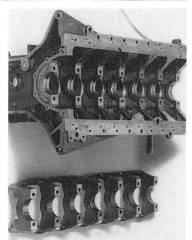

1～7番のベアリングキャップはベアリングビームと一体に鋳造されている。

からないなど，総合的に均整がとれていることを指す。

　そのバランスは時代とともに変化する。価値観，社会ニーズ，使える技術などによって変わってくる。たとえば商用車，乗用車，オフロード車からIMSA GTP車のようなレーシングカーにも適用できた図2-27の鋳鉄製のシリンダーブロックは，当時では確かに最高のバランスであった。しかし，今ではV6エンジンのシリンダーブ

75

ロックの主流は乾式の鋳込みライナーを採用したアルミ合金製である。さらに，マグネシウム合金や新しい材料がシリンダーブロック用として実用化されれば，また構造も変わってくる。

すなわち，我々が技術思想をハードウェアとして具現化する手段は形状と材料である。この形状と材料とは互いに密接な関連があることは，鋳鉄製シリンダーブロックとアルミ合金製のそれとで形状が異なることでも分かるであろう。これはエンジン全体を通じていえることである。

(2)シリンダーヘッド

エンジンの部品の中で，シリンダーブロックがもっとも大型のものであるのに対し，シリンダーヘッドはもっとも性能に関わる部品である。図1-2のサイドバルブ式の場合は単にシリンダーの蓋であり，古文書的な技術書では気筒蓋と称されている。

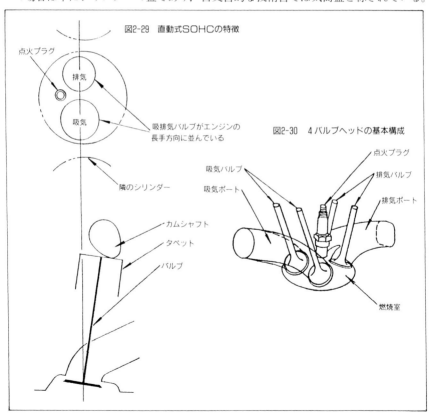

その後，燃焼室をコンパクトにし，かつポートをシリンダーヘッドの中に配設し，吸排気効率を向上させようとしてOHV（Over Head Valve）式のシリンダーヘッドが発明された。T型フォードによって全盛をきわめていたアメリカのフォードが生産台数などでGMに抜かれたのも，このOHVエンジンの採用という進化の波に乗り遅れたからだといわれている。

OHVの泣きどころは，プッシュロッドを用いなければならないため動弁系の可動重量が大きくなり，またロッカーアームを介してバルブを押し開けなくてはならないことである。このため，その剛性が問題となり，高速回転化が難しかった。せっかく燃焼室の表面積を小さくし，また理想的な吸排気ポートアレンジができても，高速で回転できなければ出力性能を十分に発揮することはできない。これを解決するためにカムシャフトをシリンダーヘッドに移し，プッシュロッドを用いずにバルブを開閉するSOHC（Single Over Head Cam）式が考案された。

SOHC式は高速回転化のポテンシャルは大きいが，直動式にしようとすると図2-29のようにバルブを一直線に配列したインライン型となり，またV型のバルブアレンジとするためにはロッカーアームが必要となる（図1-2）。インライン型では半球型やペントルーフ型の燃焼室を実現するのは無理である。その点，DOHC式はバルブのV型アレンジが可能となって吸排気効率が向上し，かつ燃焼室を理想的な形に近づけることができる。しかし，同じDOHC式のシリンダーヘッドでも変遷があり，現在は偏平な燃焼室で4バルブ中心点火，さらに吸排気ポートが立った，いわゆるハイポートが主流であるが，これについては後述する。

シリンダーヘッドの構造，機能あるいは基本的な要件を表2-3に示す。

吸排気バルブをシリンダーヘッドに配設すれば，高速回転化を実現するのに一番素直な方式は，カムシャフトを2本とし，吸排気バルブをそれぞれ2個としたDOHC4バルブ式で，その構成を図2-30に示す。この方式では，浅い燃焼室のシリンダー列方向に2個ずつの吸気バルブと排気バルブが並ぶ。本来ならば燃焼室表面積を減らしてS/V比を小さくし，吸排気抵抗を小さくするには半球型の燃焼室の表面に沿

表2-3 シリンダーヘッドの基本的な役割

No.	機能または構成
1	ピストン冠面とともに燃焼室を形成
2	最適位置への点火プラグ配設
3	吸排気ポート，バルブシート，バルブガイドを形成
4	カムシャフトの支持と動弁系部品の収納
5	ウォータージャケットの形成
6	構造部材としての強度確保とシリンダーブロックとの結合
7	吸排気マニホールドの支持・結合

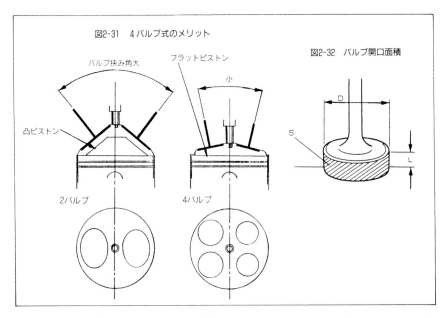

図2-31 4バルブ式のメリット
図2-32 バルブ開口面積

ってバルブを放射状に配置する方が有利である．しかし，この方式はバルブの駆動が複雑となる．その点，図2-30の方式は安価に4バルブ化を実現でき，現在では乗用車用エンジンの主流であり，レーシングカーでも同様である．

ここで2バルブより4バルブの方が燃焼室を浅くコンパクトにできることについて，一言触れておく．図2-31において，2バルブ式はバルブの開口面積をかせごうとすると，バルブの傘径が大きくなり，これを燃焼室に納めようとするとバルブを寝かせて挟み角を大きくしなければならず，深い形状の燃焼室となる．また，圧縮比を確保するためにはピストンの頭部を出っ張らさなければならず，コンパクトな燃焼室とはならない．

4バルブの大きなメリットは，バルブ開口面積を大きく取れることである．開口面積とは図2-32のように，バルブがリフトしたときの傘部とバルブシートとの間にできる円環状のすき間である．この開口面積Sは，$S = \pi DL$で定義され，リフトLとともに刻々変化するが，最大開口面積が大きければ当然その中間のリフト時における開口面積も大きくなるので，最大リフト時を問題にすればよい．もっとも，中間のリフトはカムのプロフィールによっても大きく変化するので，ここでは最大リフト時の幾何学的な面積で考えることにする．

4バルブの場合，この開口面積は$\pi DL \times 2$となり，バルブ直径Dが2バルブの場

合の1/2以上あれば,開口面積は2バルブより大きくなる。一般的に0.7倍以上の傘直径を取れるので圧倒的に有利である。こうして4バルブ方式は,燃焼室形状と吸排気効率の向上の点から多く採用されるようになった。以下DOHC4バルブ式のシリンダーヘッドを中心に,構造と性能との関係について述べる。

DOHCの4バルブエンジンは直動式ばかりとは限らない。直動式の説明をする前に,ロッカーアームを用いた4バルブ式のシリンダーヘッドに触れておく。

ロッカーアームを用いるメリットとしては,図2-33のようにロッカーアームの先端をY字形とすれば,一つのカムで二つのバルブを同時に開閉できることが上げられる。また,ピボットが一つでよいため,自動間隙調整装置(ラッシュアジャスター)が1個で済む。直動式の場合はタペットが入るチャンバーが必要であり,ヘッドボルト穴との干渉を避けるため設計が難しくなる。しかし,ロッカーアームを用いればヘッドボルト穴の配置が容易であり,整備性も向上する。一方,デメリットとし

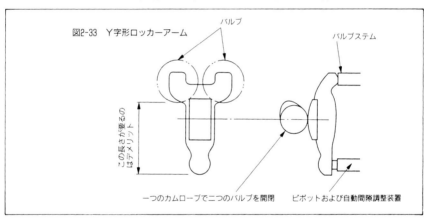

図2-33 Y字形ロッカーアーム

図2-34 ロッカーアームを使った
　　　　DOHC4バルブ式
　　　　シリンダーヘッド

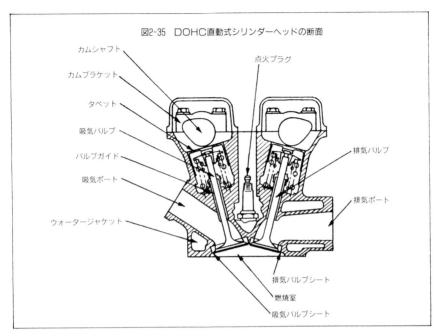

図2-35 DOHC直動式シリンダーヘッドの断面

てはシリンダーヘッドの幅が広くなることや，高速回転時にロッカーアームがピボットから外れることが懸念される。

　直動式のシリンダーヘッドは図2-35のように比較的簡単な構造となり，作動が単純明快である。図2-35は，このDOHCの直動式4バルブのシリンダーヘッドにカムシャフトやバルブなどを組み付け，シリンダーブロックに取り付けられる状態を示す。ハッチングを施した部分が母材である。冷却性と軽量化，カム軸受の簡素化やコスト，製造時の公害問題などからアルミ合金鋳物である。これに耐熱，耐摩耗性のバルブシートとバルブガイドが焼きばめ，または圧入されている。また，カムシャフトはヘッドと同材質のカムブラケットで回転自在に支持される。直動式の場合はタペット（バルブリフター）をカムが押し，バルブを開閉するため，タペットが直線往復運動するシリンダー状のタペット穴（タペットチャンバー）が必要である。この部分の設計がロッカーアーム式より難しくなる。

①燃焼室

　エンジンを設計する際には，まずシリンダーヘッドの中でもっとも大切な燃焼室の形状を決めることから始めるべきである。燃焼室がエンジンの性格を支配するといってよい。燃焼室の形状が決まれば，バルブの挟み角やバルブ径，点火プラグの

第2章　エンジンの構造および性能追求

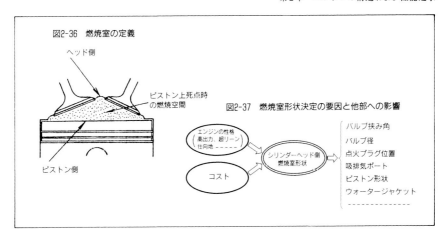

位置やピストン頭部の形状など，ここを中心として他の部分の諸元や形状が必然的に決まってくる。

　ここで燃焼室とは，図2-36に示すようにピストンが上死点に達したときのシリンダーヘッド側とピストンの頂面とで囲まれた空間，と定義しておく。ピストンが下降に入っても燃焼はさらに進むので，このときも広い意味では燃焼室である。しかし，これは本来の燃焼室が少し広がったと考えればよい。すなわち，ピストンが上死点に達したときの燃焼空間が燃焼特性のほとんどを支配するのである。

　燃焼室はシリンダーヘッド側とピストン頂面で形成されるので，ピストン側の形状を工夫することによって複雑な混合気の流れを形成したり，圧縮比を変えたりすることができる。

　一方，燃焼室の形状はエンジンの性能を直接左右する。たとえば，高出力を得たり，超リーンで安定した燃焼を確保するとか，図2-37のようにエンジンの使用目的や要求特性を具現化するのが燃焼室である。良い燃焼室の形状とは，いかに急速な燃焼を得られるかに尽きるといっていい。また，空燃比が超リーンであったり，大量のEGR下でも安定した燃焼を得るということは，この急速燃焼を実現することと同義であるといえる。

　次に燃焼速度について説明する(図2-38)。まず，点火プラグに火花が飛んで，圧縮した混合気に点火される。これをもう少し詳しく述べると，ふつうの点火コイルをもつ誘導放電型の点火系では図2-39のように，まずコンデンサーに蓄えられた容量成分の放電が行われて，混合気に電気路(でんきみち)ができ，次にこのイオン化した路を通って誘導成分の電流が流れる。その時間は1000分の2.3秒(2.3ms)ほどという短いもの

81

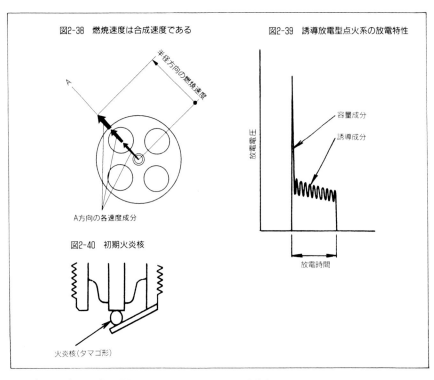

図2-38 燃焼速度は合成速度である
図2-39 誘導放電型点火系の放電特性
図2-40 初期火炎核

である。点火エネルギーのほとんどは，この誘導成分により注入される。この点火エネルギーにより，混合気のごく一部が活性化し，初期火炎核が形成される（図2-40）。これを核にして炎が急速に燃え広がっていく。その速度が燃焼速度であるが，これは図2-38に示すような三つの速度のベクトル和となる。

　三つの速度とは，燃焼したガスの体積が膨張して炎面を外に向かって押し出そうとする速度と，炎が自身で燃え広がろうとする速度，および燃焼室内のガス流動により火炎面が強制的に移動させられる速度である。これらの三つの速度のA方向成分の和が，A方向の燃焼速度である。ところで，このガス流動は微妙であり，あまりにも速すぎると，せっかくできた火炎核を吹き消してしまうこともある。

　このガス流動によって混合気を攪拌してミキシングを良くしたり，点火プラグの点火点周りに燃えやすい混合気を集めたりすることができる。吸入行程および圧縮行程におけるガス流動の発生メカニズムについては図2-41のようになるが，この図に則して説明する。

　（a）はスワールと呼ばれるもので，吸気ポートをオフセットさせて吸入行程時に

第2章　エンジンの構造および性能追求

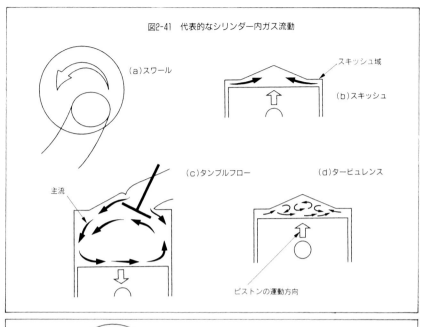

図2-41　代表的なシリンダー内ガス流動

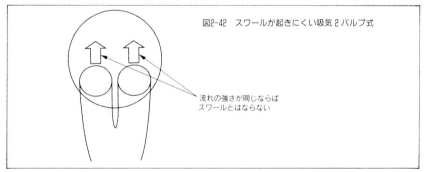

図2-42　スワールが起きにくい吸気2バルブ式

得られる旋回流である。2バルブエンジンでは，これを積極的に発生させることができる。また，4バルブエンジンでも片方の吸気ポートをわざと閉じることで強力なスワールを得ることもある。このスワールは，コーヒーに砂糖を入れ，スプーンでかき混ぜるようなもので，燃料と空気とのミキシングを改善できる。

（b）はスキッシュと呼ばれるもので，圧縮行程の後期に，ピストン頂面と燃焼室の隅部との間に挟み込まれた新気が中央に向かって押し出されて生ずる流れである。

（c）はタンブルフローで，吸入行程時に発生するシリンダー軸方向の縦の渦巻き流であり，図2-42のように4バルブエンジンではスワールを期待できないので，こ

のタンブルフローが重要になる。

（d）のタービュレンスは混合気がもっている運動エネルギーが姿を変え，小さな渦になったものである。タンブルフローを積極的に活用するエンジンでは，圧縮行程の後期にうまくタービュレンスに変え，さらにスキッシュを活用し，燃焼を改善するための混合気の乱れを得る。

効率良く燃料を燃やし，その熱エネルギーをできるだけ冷却系に捨てないようにするためには，燃焼室をコンパクトにする必要がある。2バルブエンジンで吸入効率を上げようとして，吸気バルブ径を大きくすると，図2-43のようにバルブ挟み角を大きくしてバルブの収容スペースをかせがなければならなくなる。その結果，燃焼室が深くなり，圧縮比を確保するためにはピストン頭部を出っ張らせて帳尻を合わせることになり，燃焼室は複雑化する。また，ピストンの重量も大きくなり，さらに首振り運動も起こしやすくなる。

燃焼室のコンパクトさを表わす指標として，図2-44に示すように，燃焼空間を形

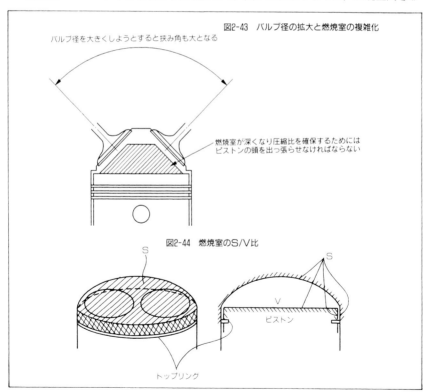

第2章　エンジンの構造および性能追求

成する全表面積Sと燃焼室容積Vとの比S/Vがある。このSにはトップリングまでのピストンのトップランド周りとシリンダー部分の面積を，Vには同じくこの部分の容積を含んでいる。このS/V比が大きいと良い燃焼室とはいえない。燃焼室設計のポイントの一つは，いかにS/V比を小さくすることができるかである。

それでは，どのような燃焼室の形状がよいのだろうか。コンセプトの基本を図2-45および46に示す。コンパクトにするためにできる限り燃焼室の高さをおさえながらバルブ径を確保し，点火プラグを中央に配置する。こうするとピストンの頭部形状をフラットか，あるいは出っ張りを少なくすることができる。さらに，点火プラグから離れた部分を中央に比べて薄くし，先細りとするのが良い。これは，燃焼速度を上げるとともに，ある時間内に混合気をできるだけ多く燃焼させることが重要であるからである。要はできる限り早く燃料がもつ熱エネルギーを取り出したいの

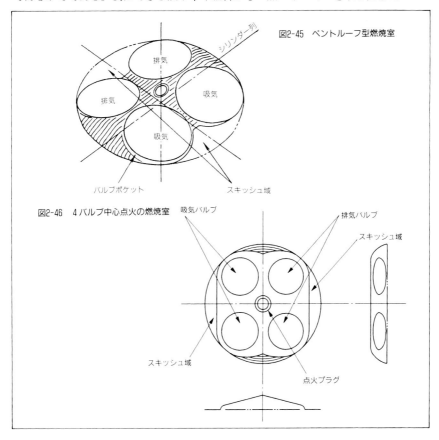

図2-45　ペントルーフ型燃焼室

図2-46　4バルブ中心点火の燃焼室

図2-47　4バルブヘッドの燃焼室

吸排気バルブの外側にスキッシュ域が見える。

である。ところが，都合の悪いことに，燃焼によって既燃焼部の圧力が上がると，炎が伝わっていない未燃部分の混合気を燃焼室の隅の部分に押し出すことになる。つまり，点火点から離れた部分の未燃ガスは圧縮され密度が高くなって，体積は小さくても重量が大きくなっている。そのため燃焼は先細りの形状にすることが大切であり，4バルブエンジンの燃焼室はペントルーフ（Pent roof，差し掛け屋根）型を基本とした形状となる。

　4バルブの燃焼室として，屋根の高くないペントルーフで中心点火，それにフラットもしくはこれに近いピストン頂面との組み合わせは，英国のウェスレイク（Weslake）社が1963年に提唱している。この形状が現在のDOHC4バルブでは主流であるが，積層燃焼を可能にした4バルブエンジンの燃焼室で，これとは大きく変わったものが出現した。

　図2-48は，1995年5月に発表された三菱自動車工業㈱の4G93筒内噴射ガソリンエンジンである。実用運転域では圧縮行程後期に燃料を噴射して層状混合状態を形成し，超リーン燃焼や大量EGR下でも安定した燃焼を可能にしている。一方，高負荷，高速域では吸入行程中に噴射し，燃料の気化による吸気冷却を行う。燃焼室の形状的な特徴は，吸気ポートが直立し，強い下降流を得て従来の吸気ポートとは逆向きのタンブルフローを発生させるようにしてあり，ピストンの頂部はわん曲状である。これにより，タンブルフローを旋回流に変えながら燃料と空気との混合状態を制御し，点火プラグ周りに火がつきやすい混合気を供給している。ただし，この筒内噴射（または直接噴射）は新しい技術として実用化を目指したもので，この方式にするとなれば，燃焼室だけではなく燃料系など周辺システムも変わってくるもので，本書では上記の説明のみにとどめておきたい。

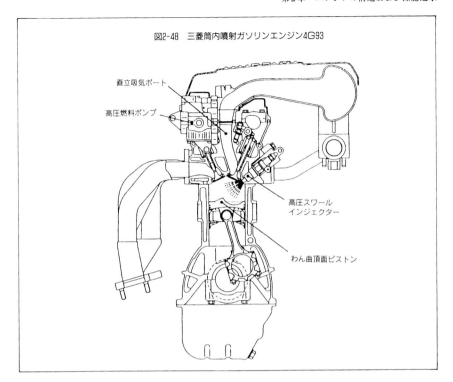

図2-48　三菱筒内噴射ガソリンエンジン4G93

（ラベル：直立吸気ポート、高圧燃料ポンプ、高圧スワールインジェクター、わん曲頂面ピストン）

②吸排気ポート

　シリンダーヘッドの吸排気ポートをのぞき込み，その形状をそこだけで云々するのは早計である。吸気は図1-1のようにエアクリーナーから吸気ダクトやスロットルを通り，吸気マニホールドのブランチからヘッドの中の吸気ポートに達する。吸気にしてみれば，ブランチから吸気ポートの間はつながった一つの管なので，吸気ポートはマニホールドと一緒に考えるべきである（図2-49）。排気ポートも同様に排気マニホールドと一緒に見るべきである。第1章のエンジンの構造について述べたところで，吸排気マニホールドを本体構造の一部と見なしたのはこのためである。

　一般に吸気ポートは排気ポートより太く，また図2-35のように排気ポートの周りには，できる限り広いウォータージャケットと接する面を設けて冷却するが，吸気ポート周りのジャケットはごく一部を冷却するだけである。吸気ポートを冷却水で暖めることで，燃焼の気化を促進することは必要だが，温度が高すぎると充填効率を低下させる。

　4バルブの吸排気ポートをシリンダーヘッドの上から見ると，図2-50のようにな

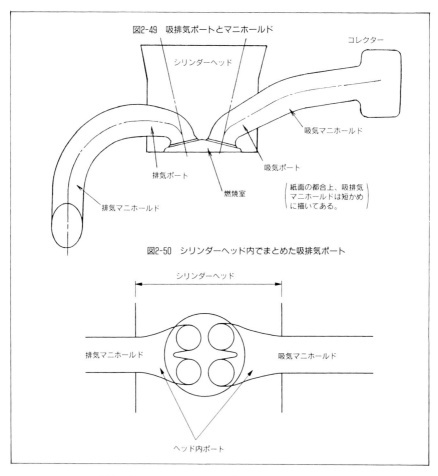

図2-49 吸排気ポートとマニホールド

図2-50 シリンダーヘッド内でまとめた吸排気ポート

っているのが一般的である。それぞれ二つずつある吸排気バルブからの独立したポートを，シリンダーヘッド内で各シリンダーごとにまとめて一つのポートとし，ヘッド端面に開口させている。こうすることにより，吸排気マニホールドの構造を簡素化できる。シリンダーヘッド端面の吸気ポートの形状としては，図2-51のように吸気マニホールド側に全く影響を与えないものから，マニホールドブランチの中で何らかの形状変化を必要とするものまである。シリンダーヘッド端面に独立した吸気ポートを有する例を図2-52に示す。これはマニホールドブランチ内の一つのポートにスワールコントロールバルブを設け，低速・低負荷時にこれを閉じ，吸気に偏流をもたせ，強制スワールを発生させるようにした例である。

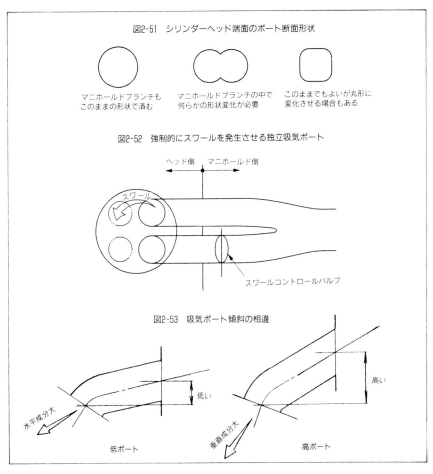

図2-51 シリンダーヘッド端面のポート断面形状

図2-52 強制的にスワールを発生させる独立吸気ポート

図2-53 吸気ポート傾斜の相違

　吸排気ポートは，それぞれ吸排気抵抗を少なくするように設計されるのは当然であるが，大切なのは吸排気は定常流ではなく，パルセートした流れであり，この流れに対して流路抵抗を小さくする必要がある。さらに，吸気ポートは図2-53のように立てたり傾けたりして，シリンダー内のガス流動を調節している。高ポートは吸排気抵抗が少なく高出力エンジンに適しており，低ポートは低速でも盛んなガス流動が得られ，この領域での燃焼を安定化させるのに効果がある。また，吸気バルブに近づくにつれ，ポート断面積を小さくしたエアロダイナミックポート（ADポート）によって，低中速での吸入効率を向上させ，この領域でのトルクを向上させることができる。

③バルブシートとバルブガイド

　以前，シリンダーヘッドが鋳鉄製であった頃は，母材を直接加工し，バルブシートやガイドを創成していた。しかし，現在はシリンダーヘッド母材がアルミ合金製となり，耐熱，耐摩耗性の優れた異種材料でできた別体のバルブシートやガイドを焼きばめしている。一方で，アルミ合金の母材にニッケルなどの異種材をプラズマ溶射し，バルブシート面を形成することも研究されているが，まだ実用化されていない。

　図2-54および図2-55でバルブシートとガイド部の形成について説明する。バルブシートやバルブガイドは耐摩耗性のある材料，たとえば鉄系の焼結合金などでつくられ，外面は仕上げ加工されている。一方，シリンダーヘッドにはシートやガイドを焼きばめするための穴が開けられている。バルブシート面をまだ加工していない状態のシートリングやガイドの外径は，ヘッド側の穴より$10\mu m$から数十μm大きく仕上げられており，そのままではヘッドの穴に圧入するのは無理である。そこで，ヘッドを暖め，シートリングやガイドはアルコール冷媒のドライアイスや液体窒素

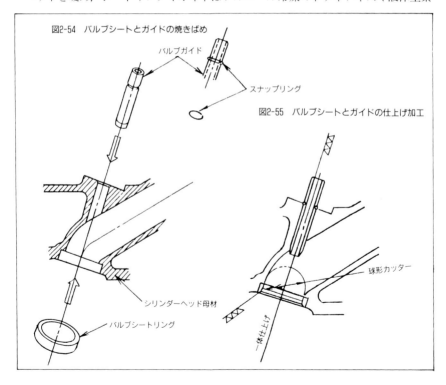

図2-54　バルブシートとガイドの焼きばめ

図2-55　バルブシートとガイドの仕上げ加工

で冷やして，一方を膨張，他方を収縮させて焼きばめを行う。シートの方は穴の底に密着するように挿入する。また，ガイドの方はスナップリングがはまる溝を設け，ここにスナップリングをはめてヘッドに挿入すれば，軸方向の位置決めとなる。だだし，治具を用いたり，自動機でバルブガイドを圧入する場合は，このスナップリングは必要ない。さらに，図2-55のようにバルブシート面とガイド内面を，同心になるように最終仕上げ加工を行う。また，ポートとシート内面との接合部に段差が生じないように，ポートのシート近傍に若干の駄肉をつけておき，球形カッターでこの部分を削り落とすこともある。

④カムベアリングとタペットチャンバー

　アルミ合金製のシリンダーヘッドでは，母材に軸受合金としての素質があるため，直接カムベアリング面やタペット摺動面を創成することができる。カムシャフトはクランクシャフトの回転数の1/2であり，しかもジャーナル径が大きくないので周速は小さくなる。さらにベアリング荷重もクランクシャフトにくらべて桁ちがいに小さいため，軸受としては楽な方である。しかし，大切なのは軸受部分の剛性を確保し，かつカムシャフトに荷重がかかっても，カムシャフトに曲げ変形が生じないように支持することである。内面をタペットが摺動するシリンダー状のタペットチャンバーは，図2-56のようにバルブガイドと同心に設けられている。ロッカーアーム式の場合はタペットチャンバーがない代わりに，ロッカーアームの一端を支持する

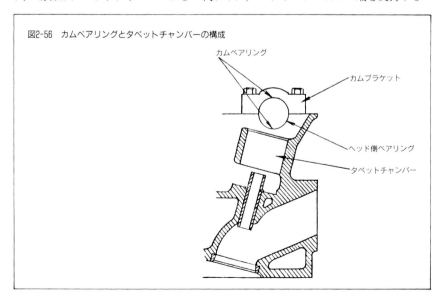

図2-56　カムベアリングとタペットチャンバーの構成

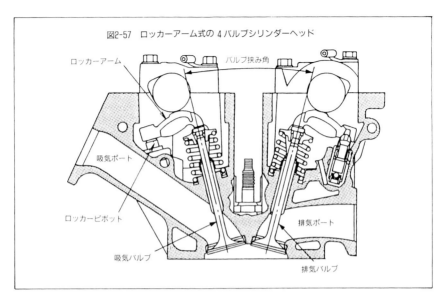

図2-57 ロッカーアーム式の4バルブシリンダーヘッド

ピボットを取り付けるボス(図2-57)や，ロッカーシャフトが必要になる。

　前にも述べたように本書では，高性能なDOHC直動式の4バルブエンジンを中心に取り扱っているので，これについて話を進める。

　カムシャフトを支持するカムベアリングは，タペットチャンバーとは異なる断面に設けられる。カムベアリングはヘッド側とカムブラケット側とで構成され，シリンダーヘッドにカムブラケットを取り付け，各ベアリング部を一体に同軸加工(ラインボーリング)してベアリング面を仕上げる。

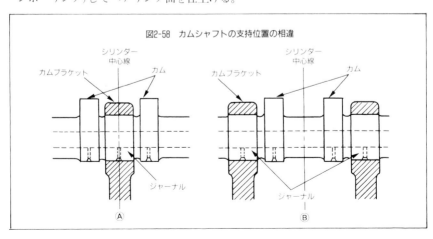

図2-58 カムシャフトの支持位置の相違

カムベアリングの前後方向の位置は，図2-58のように各シリンダーの二つのカムの中間に置く場合Ⓐと，シリンダーとシリンダーとの間に設ける場合Ⓑとがあるが，設計的にはⒶの方が難しい。狭いカムとカムの間にベアリングを配置するために，かなり高度な設計技術を必要とするからである。Ⓐの利点は，同時に作用する二つのカムの中間を支持するため，カムシャフトの曲がりが小さくなることである。また，カムブラケットには理論上，主に単純な上向きの力だけが作用するため，カムベアリングをこじろうとする力は小さくなる。Ⓑの方が単純ではあるが，二つのカムのそれぞれ両側のベアリングで力を受けるため，この間でのカムシャフトのたわみを考慮してカムシャフトの剛性を高くしておく必要がある。ちなみに，筆者が開発にたずさわったレーシングエンジンではすべてⒶの方式を採用している。

⑤ウォータージャケット

冷却系に捨てられる熱の約80％はシリンダーヘッドから，残りはシリンダーブロックのウォータージャケットから冷却水に伝えられる。したがって，シリンダーヘ

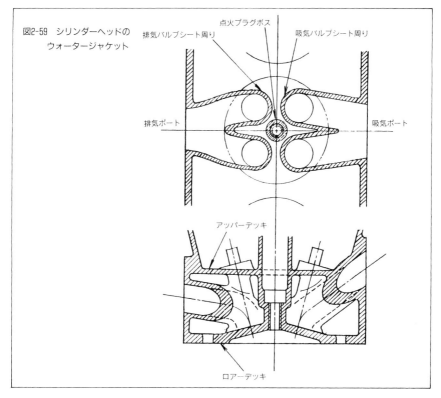

図2-59 シリンダーヘッドのウォータージャケット

ッドのウォータージャケットの形状は，エンジンの性能や耐久性に大きな影響を与える。異常燃焼であるノッキングやデトネーション，充塡効率の低下なども冷却性能と密接な関係がある。シリンダーヘッドからの放熱が悪いとバルブシートの異常摩耗，バルブの不密着，バルブの焼き付き，点火プラグの溶損などさまざまな弊害を引き起こす。エンジンは熱機関といわれるように，燃料を燃やして発生した多量の熱で仕事をする代わりに，不要な熱を捨てなければならない。その量は燃料のもつ熱エネルギーのおよそ30％にもなる。しかし，これはエンジンの負荷状態や構造によっても異なる。1990年代初頭に活躍したニッサンＣカー用の3.5ℓターボエンジンであるVRH35Zでは，フルロードの状態で冷却損失は21％で済んだ。

　シリンダーヘッドの中で放熱量が大な部位は，燃焼室壁面，排気バルブシート周り，点火プラグボス周り，排気ポートの外周や吸気バルブシート周りと排気バルブガイドボスなどである。しかし，図2-59のように，もっとも冷却が必要な燃焼室の中心部分は立てこんでいて，十分な冷却水通路を確保するのが難しい。4バルブエンジンのシリンダーヘッドを設計する際の，キーポイントの一つはここにある。この部分の熱流束(単位時間に単位面積を通過する熱量)は $3\times10^5 \mathrm{kcal/m^2h}$ (1.3×10^6 $\mathrm{kJ/m^2h}$)にもなり，高性能のボイラーにも匹敵する。この熱流束をかせぐためには，林立する吸排気ポートや点火プラグボスの間を通って流れる冷却水の流速を上げるように，かつ重点的に冷却すべきところに冷却水が当たるように設計する。さらに，熱を奪った後の冷却水ではなく，シリンダーブロックのウォータージャケットから流入してきたばかりの冷却水をこの狭い空間に導き，勢いよく流すことが大切である。熱は流速の約1/3乗に比例して奪われるから，ここでの流速は大きな意味をもつ。また，熱を奪った冷却水は速やかにシリンダーヘッドのアッパーデッキに沿っ

図2-60　シリンダーヘッドのロアーデッキ

第2章　エンジンの構造および性能追求

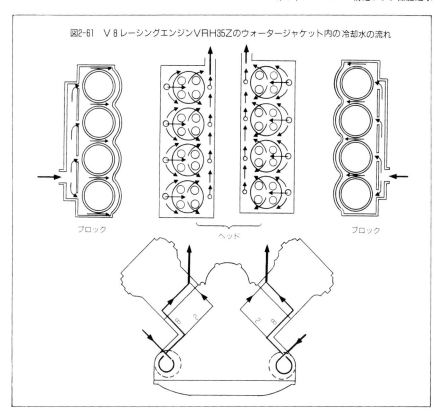

図2-61　V8レーシングエンジンVRH35Zのウォータージャケット内の冷却水の流れ

てサーモスタットを通り，ラジエターへと還流するようにする。この際，アッパーデッキ近くや狭い冷却水通路に気泡がたまらないようにすることが重要である。

　前述のレーシングエンジンVRH35Zで図2-61のようなウォータージャケット内の流れ方式とし，高負荷で運転することが多かったにもかかわらず，一度も冷却に関するトラブルを起こさなかった。熱い排気バルブシート近くから入った冷却水は点火プラグボスを冷却した後，速やかに外部に出るようにさせ，さらに吸気側をあまり暖めないように配慮した。一般にウォータージャケットの容量を最小限とし，流速を上げた方が良い結果が得られ，ウォーミングアップも早くなる。また，シリンダーヘッド内だけにとらわれず，冷却システムとしてウォータージャケットを設計することが重要である。

⑥シリンダーヘッド全体の強度確保

　シリンリダーヘッドはシリンダーブロックと一体となって，エンジンの基本剛性

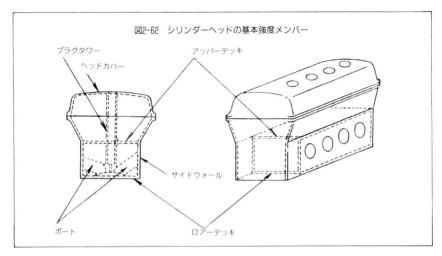

図2-62 シリンダーヘッドの基本強度メンバー

を支配する。シリンダーブロックの中ではクランクシャフトが回転し，ピストンが往復運動する。一方，シリンダーヘッド中ではカムシャフトが回転し，タペットやバルブが往復運動している。したがって，もし本体構造系が曲がったりねじれたりすると，これらの動きにしぶりが生じ，偏摩耗や焼き付きが発生する。シリンダーヘッドの剛性は，アッパーデッキとロアーデッキ，それに吸排気マニホールド取り付け面を兼ねるサイドウォールで区画される箱状の構造体を基本としている（図2-62）。これに吸排気ポートや点火プラグタワーがこれらを連結しており，力骨の役を果たす。また，カムベアリングがシリンダーヘッド上部の開閉振動を抑制する強度部材となる。その他，変形が心配な部位があればリブで補強する。

　シリンダーヘッドとシリンダーブロックとは図2-18のように配設されたヘッドボルトで強固に結合される。この際，シリンダーヘッドガスケットの硬さやヘッドボルトの太さ，締め付けの順序と方法などが，カムジャーナルのアライメントに影響を与える。シリンダーヘッドに動弁系部品が収納されるようになり，シリンダーヘッド単体での剛性はきわめて重要であるが，シリンダーブロックとヘッドカバーが一体となって高い剛性を発揮するようにすれば，軽量化との両立が可能となる。

(3)ヘッドカバーとオイルパン

　ヘッドカバーは，シリンダーヘッドの中で動弁系を潤滑したエンジンオイルの飛散を防ぐだけでなく，ブローバイをここから取り出す場合は，気液分離機能をもたせなければならない。また，オイルパンは加減速やコーナリング時の横Gによるオ

イルの偏りが起こらないようにすることが必要である。さらに，機能上大きな表面積を有するため，ここからの騒音放射が問題となる。したがって，これらの部品は単なるカバーではなく，エンジンの本体構造系として取り扱った方が良い。

① ヘッドカバー

アルミやマグネシウム合金の鋳物製，薄板のプレス製や合成樹脂製が一般的である。材質によらず共通しているのは，エンジンオイルのシール性の確保と騒音放射の低減である。鋳物製のヘッドカバーは剛性が高く，シリンダーヘッドの強度向上にも役立つ。この場合は，ヘッドの取り付けフランジに薄いガスケットをはさむか，液体パッキングを塗ってボルトやビスで固定する(図2-63)。液体パッキングを用いる場合，ヘッドカバー側の合わせた面に細い溝をつけ，ここにパッキングをためるようにする場合もある。

ヘッドカバーの面剛性を上げるため，上面を平らにせず上に凸の曲面とするのが一般的である。次に合成樹脂製の場合は，振動のダンピングが大きく騒音面で有利であり，合金鋳物より剛性が低くてもシリンダーヘッドに剛に取り付けることができる。これはシリンダーヘッドから伝播する振動がダンプされ，カバーの表面から放射される騒音のエネルギーが小さくなる特性を有するからである。

鉄板をプレスした鈑金製のヘッドカバーは，安価ではあるが剛性の確保が難しく，シリンダーヘッドからの振動によりスピーカーのようにここから騒音を放射することがある。この固体伝播音を遮断するため，図2-64のようにヘッドカバーをフローティングしながら取り付ける。ゴムなどのガスケットをはさみ，ゴムのブッシュを介してボルトがヘッドカバーに触れないようにし，円筒状のスペーサーでブッシュおよびガスケットのつぶし代を管理しながらシリンダーヘッドに取り付ける。こう

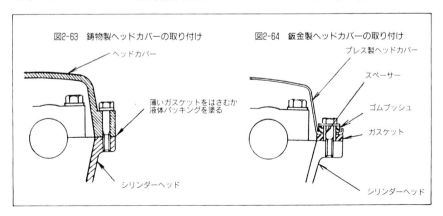

図2-63 鋳物製ヘッドカバーの取り付け　　図2-64 鈑金製ヘッドカバーの取り付け

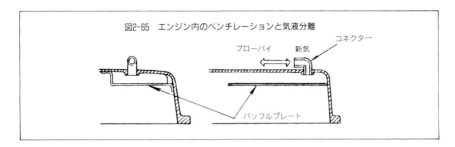

図2-65 エンジン内のベンチレーションと気液分離

すれば、シリンダーヘッドの振動が直接ヘッドカバーに伝播するのを防ぐことができる。もちろん、このソフトマウント方式は鋳物製など他の材料のヘッドカバーにも適用できる。さらにコストを低減する場合には、ガスケットをはさんだだけでシリンダーヘッドに取り付ける。以前はこの方法が主流であったが、現在は仕様の多様化に伴い、いろいろなヘッドカバーが採用されている。ヘッドカバーはボンネットを開けるとよく見える個所なので、エンジン性能をアピールするアクセサリーの意味合いもある。

現在、実用車ではブローバイガスを大気に放出することは規制されている。また、クランクケース内を新気で掃除するため、ポジティブ・クランクケース・ベンチレーション(PCV)方式を採用する場合が多い。吸気マニホールド内が負圧のとき、エアクリーナーからヘッドカバー内に空気を導入し、クランクケースからPCVバルブで流量を制御しながら、吸気マニホールドに流し込む。また吸入負圧が発生しない高負荷時は、ブローバイガスはクランクケースからヘッドカバーを通りエアクリーナーに流れ、ここからエンジンに吸入される。一方、ヘッドカバー内はエンジンオイルの飛沫で充たされており、このエンジンオイルがエアクリーナー方向に行かないようにすることが必要である。そこで、ブローバイコネクターが直接ヘッドカバー内に開口しないように、バッフルプレートを取り付ける(図2-65)。さらに気液分離性能を上げるため、中にスティールウールを入れたり、オイルのもどり穴を設けたりする場合がある。

②オイルパン

鉄板のプレス製が一般的であるが、とくに強度をもたせたり、放熱特性を改善するため冷却フィンを一体に設ける場合には、軽合金の鋳物製とすることもあり、鋳物製は高級感をかもし出す効果もある。オイルパンの基本機能はエンジンオイルをため、オイルポンプへ気泡の少ないオイルを安定して吸引させ、かつオイルを冷却することである。

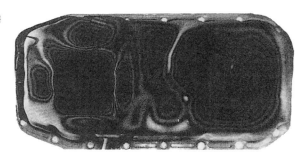

図2-66
プレス製オイルパンの振動状態
（加振周波数997Hz）

　図2-8で説明したように，シリンダーブロックにはハーフスカート式とディープスカート式があるが，ハーフスカート式の場合は，その分オイルパンを深くすることが必要になる。騒音放射面積が大きくなるが，中に入れるバッフルプレートを補強部材に使ったりして，剛性を上げるようにしている。図2-66は，プレス製のハーフスカート型シリンダーブロック用のホログラフィー写真である。等高線を示す年輪状の一縞が，$0.126\mu m$の振動振幅を示す。オイルパンのいたるところで，スピーカーのコーンのように騒音を放射しているのがわかる。

　ハーフスカート式のシリンダーブロックに装着するオイルパンには，その前後部に半円形のオイルシールハウジングが必要になる。オイルパンとシリンダーブロックまたはフロントカバーとで，クランクシャフトの前後端貫通部の油密を確保するためのオイルシールを保持するハウジングを形成している。ディープスカート式の場合，オイルシールはシリンダーブロックやフロントカバーに直接打ち込まれるの

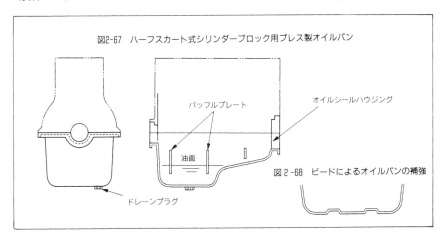

図2-67　ハーフスカート式シリンダーブロック用プレス製オイルパン

図2-68　ビードによるオイルパンの補強

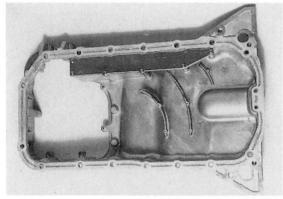

図2-69 分割型のオイルパン

鈑金製の底板とでオイルパンを構成する。バッフルプレート取り付け部を補強部材として利用している。

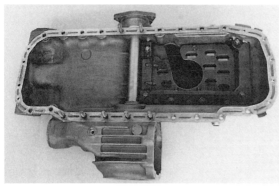

図2-70 4WD車用のアルミ鋳物製オイルパン

中央に見える太い管は、中をドライブシャフトが貫通するためのもの。

で、この半円形のハウジングの片割れは不要である。また、スカートの長さだけオイルパンは浅くなり、形状は単純となる。

　プレス製の場合には、どうしてもオイルパンの面剛性が不足しやすく、図2-67のようにバッフルプレートで左右の壁面を連結したり、ビードをつけたりする（図2-68）。しかし、静剛性は向上しても、動剛性が向上するとは限らない。また、オイルパンの固有振動数が変化するだけでも意味がない。新しい共振周波数で激しく振動しだしては、騒音対策にならないのである。大切なのは動剛性とダンピング性能の向上である。アルミやマグネシウムなどの軽合金製の場合は、一般に剛性は高くなる。したがって、騒音面やシリンダーブロックの合わせ面からのオイルもれには有利である。プレス製の場合はシリンダーブロックとの合わせ面のフランジを補強し、フランジ面が波を打って気密性が低下するのを防ぐ。ガスケットやシール剤の性能が向上し、ヘッドカバーやオイルパン取り付け面からのオイルもれやにじみは非常

に少なくなっている。

2-2. 主運動系

(1)ピストンとピストンリング

　主運動系は，燃焼による熱エネルギーで圧力が上昇したガスの膨張時にする仕事を，回転として取り出す機構全体を指す。このことから，主運動系を説明するにはクランクシャフトからではなく，燃焼にいちばん関係の深いピストンから始めることにする。すでにシリンダーヘッドのところで触れたように，燃焼空間の形状はヘッド側の燃焼室とピストン頂面で区画される。ピストン頂面は高温にさらされ，場合によっては秒速20m/sを越えるスピードでシリンダーの中を往復運動する。その加速度は，レーシングエンジンでは重力の加速度の5000倍，すなわち5000Gに達する。ストロークが75mm程度の実用エンジンでも6000rpm時には1500Gにも達し，エンジン部品の中で動弁系とともに慣性力がとくに問題となる。その上，ピストン頂面が受けたガス圧力によるガスフォースをピストンピンに伝えなければならず，設計，製造ともに高度な技術を要する。

①ピストンおよびピストンピン

　一般にピストンとピストンピンはセットで取り扱われる。これは，ピストンのピン穴とピンとのクリアランスの管理が厳しいためである。ピストンには強大なガス力が作用し，この力はそのままピンに伝わる。また，前述のピストンの慣性力もピンが受けとめて，ピストンの動きを規制する。ピストンの頂面は高温のガスにさらされているが，ピストンの下部は温度が低く，いたるところで温度勾配が生じ，熱

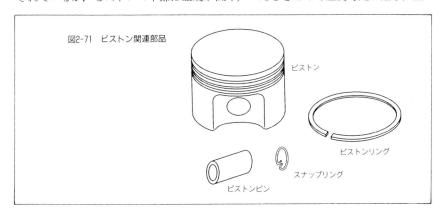

図2-71　ピストン関連部品

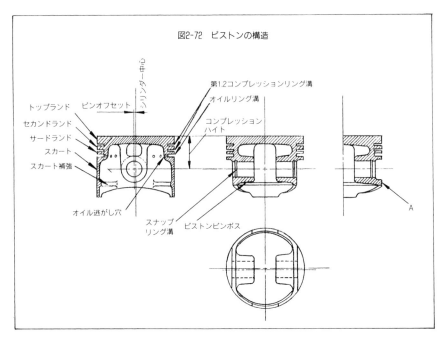

図2-72 ピストンの構造

変形が発生する。ちなみに頂面付近が300℃でもスカート下端は140℃程度である。したがって，力とともに熱負荷が加わり，疲労破壊，溶損，摩耗や焼き付きなど厳しい問題を解決しなければならない。

　ガソリンエンジン用のピストンは，一般的に図2-72のような構造をしている。使われる材料は高温強度があり耐摩耗性にすぐれたアルミ合金，たとえばAC8A, AC8Cや，これに近い材料の鋳造製で，T5～T7の熱処理を施す。さらに，高温強度を要する場合にはアルミ鍛造品を使い，さらに分割して製作し，内部に冷却のための円環状のオイルギャラリー(クーリングチャンネル)を設ける。分割部の接合には電子ビーム溶接を用いる。

　ピストンピンの中心からピストン頂面の基準となる位置までの距離をコンプレッションハイトと称し，ピストンの特性を判断するのに重要な値である。高速高性能エンジンではこの値が小さく，80～90mmのシリンダー径の場合，30～35mm程度である。ディーゼルエンジンではこれより高くなる。

　ピストンリングを装着する溝は，リングとのすき間を最適に保つように設計する。リングの挙動をコントロールし，こう着を起こさないようにし，さらにリングの上面または下面が溝の表面に密着することが必要である。トップランドはシリンダー

と接触しないように，セカンドランドより径を小さく設定する。図2-72はピストンリングを3本装着した場合であるが，2本式の場合はセカンドランドまでで，その下がオイルリング溝となる。オイルリング溝の裏には小さな穴が開けられており，オイルリングでかき落としたオイルをピストンの内側に逃がす働きをする。

スカート部はピストンの首振り運動をできるだけ少なくするようにして，往復運動時のピストンの姿勢を安定させる。また，図2-72のAのようにスカートを全周にわたって設け，姿勢安定，補強などを兼ねさせることもある。スカート部の剛性向上は大切であるが，あくまでも重量へのはね返りを少なくする必要がある。図に示すスカートの補強部の下を内側からクランプしてピストンを加工するが，その際にもスカート部の剛性は重要である。

図2-74のようにガス力F_Gとコネクティングロッドの揺動によってサイドフォースF_Sが発生する。上死点前まではコネクティングロッドの傾きが逆であるので，F_Sの向きも反対である。燃焼によるガス力は上死点直前から急激に増大するので，上死点に達したときにいきなり右方向から左方向に力が大きく変化することになる。これによりピストンは図の右から左へシリンダーとのクリアランスいっぱいに動き，シリンダーを打つ。すなわちピストンスラップである。これを少しでも小さくする

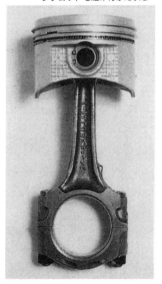

図2-73 ピストンにリングとコネクティングロッドを組み付けた状態

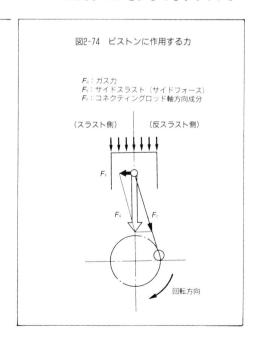

図2-74 ピストンに作用する力

F_G：ガス力
F_S：サイドスラスト（サイドフォース）
F_C：コネクティングロッド軸方向成分

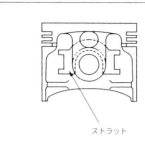

図2-75 オートサーミックピストン

ストラット

ためにピンを回転方向の上流側(図2-72では左側)にオフセットさせ，ガス力がまだ小さいうちにスムーズに右から左にピストンを移行させる。この方式のピストンをオフセットピンピストンという。オフセット量は1mm程度である。

なお，図のようにスカートのピンボス方向を切り欠いたものをスリッパースカート型，スカート部に熱の遮断などのために細い切り割り(スロット)を入れたものをスプリットスカート型と称する。図2-75はピンボスの周りにスティール製のストラットを鋳込み，ピストンの熱変形を抑え込もうとしたもので，オートサーミック式と呼ばれている。ストラットに熱膨張の小さいアンバー鋼が用いられたものである。コストや重量の点で問題があり，図2-72のタイプのものが主流である。

運転中はピストンに温度分布が存在することはこの項の最初に説明した。大切なことは，エンジンが力を出しているときピストンが真円になっていて，シリンダーと適切なクリアランスを保っていることである。

ピストンが得た熱はトップリング，セカンドリングとスカート部からシリンダーの周りのウォータージャケットに捨てられ，また一部はピストン裏面にかかったオイルやクランクケース内のガスによって奪われる。さらに一部はピンボスからピンを通って，コネクティングロッドに伝わる。スカートはピンとは直角方向に長く，しかもこの方向は構造が単純であり，比較的放熱は良い。しかし，ピン方向は熱がたまりやすく，したがってこの方向の膨張度は大となる。高温時にちょうど真円となるように，常温時にはピン方向の径が少し小さくできている。つまり，常温時には図2-76の仮想線のような楕円状になっている。その長径と短径との差と，長径との比をオーバリティと呼び，ピストンの形状を表わす一つの指標として使われる。さらに，スカート部分は下に向かうほど温度が下がるので，熱膨張も小さくなる。そこで図2-77のように常温では下部を少し太目にしておく。

すなわち，ピストンは単に円柱状ではなく三次元的に複雑な形をしている。運転

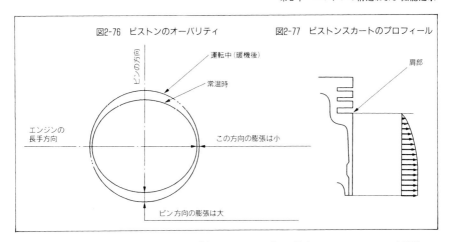

図2-76 ピストンのオーバリティ　　図2-77 ピストンスカートのプロフィール

中のピストンの形状が適切でないと肩部やスカート部，場合によってはその中間部がシリンダーに強く当たったり，各ランドが直接シリンダーと接触して問題を起こすことがある。

　ピストンピンには強大なガス力とピストンの慣性力が直接加わる。ちなみにシリンダー径が85mmの場合，燃焼による最大ガス圧力が55kgf/cm²のときピストンには約3120kgf（$3.1 \times 10^4 N$）の力がかかる。これらの力が，小さい部品であるピストンピンに曲げやせん断力を発生させる。ピストンピンが変形するとピストンのピンボスにも影響を与え，焼き付きにもつながるため，十分な強度と剛性をもたせるように設計する。一般的な製法として，特殊鋼を引き抜き冷間鍛造後，機械加工し浸炭や窒化などを施して表面を硬化させ，研磨仕上げする。また，新素材としてセラミック

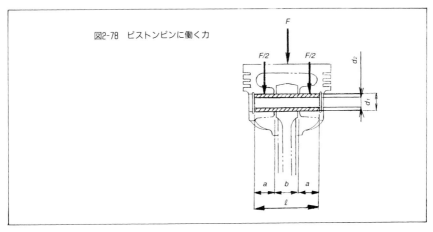

図2-78 ピストンピンに働く力

も検討されているが，ピストンのピン穴との相性と強靭さの点で，まだ実用化されているとはいえない。

図2-78のような円筒状のピストンピンについて，作用するガス力による応力とたわみを求めると次のようになる。

曲げ応力 $\sigma_B = \dfrac{4}{\pi} \cdot \dfrac{Fld_1}{d_1^4 - d_2^4}$ kgf/mm² (Fの単位がNの場合MPaとなる)

つぶれ応力 $\sigma_O = \dfrac{Fd_1}{l(d_1 - d_2)^2}$ kgf/mm² (Fの単位がNの場合MPaとなる)

曲げによるたわみ $\delta_B = \dfrac{64F}{\pi E(d_1^4 - d_2^4)} \cdot \left(\dfrac{a^3}{48} + \dfrac{a^2 b}{16} + \dfrac{5ab^2}{96} + \dfrac{5b^3}{96} \right)$ mm

つぶれたわみ $\delta_O = \dfrac{5Fd_1^3}{12lE(d_1 - d_2)^3}$ mm

なお，曲げとつぶれによる合成応力 σ_T は $\sigma_T = \sqrt{\sigma_B^2 + \sigma_O^2}$ kgf/mm² となる。また，E はヤング率である。ここで，力の単位としてkgfを用いた場合，応力やヤング率の誘導単位はkgf/mm²であるが，Nを用いるとそのままMPaとなる。

ピストンピンの軸方向の動きを規制するためにスナップリングを用いる。この場合，ピンはピストンのピン穴とコネクティングロッドの小端部穴に対しても，すき間ばめされているので全浮動式と称する。一方，スナップリングがいらない半浮動式はコネクティングロッド小端部にピストンピンが圧入され固定されており，ピンはピストンのピン穴に対してのみ回転自在となる。

②ピストンリング

レシプロエンジンの性能と耐久信頼性が向上した影には，ピストンリングの採用と進歩があるとまでいわれている。ごく特殊な例を除き，ピストンリングは2本以上のセットで用いられる。コンプレッションリングはガスシールを主機能とし，シリンダー壁面に付着したオイルをかき落とす作用もする。オイルリングはオイルをかき落とす機能を有する。

これらのリングによりシリンダー壁に必要最小限の厚さの油膜を形成し，ピストンの往復運動の摺動面を潤滑する。この油膜の厚さはピストンスピードとリングの面圧によって決まるが，厚すぎるとオイル消費が多くなる。

まず，コンプレッションリングについて，図2-79で説明する。呼び径Dは適合するシリンダー径と同一である。リングをシリンダーに傾けずにまっすぐ入れたときの合い口すき間がCであり，その測定にはシックネスゲージを用いるのが手軽であ

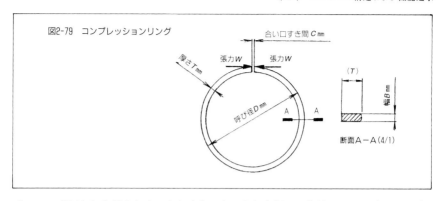

図2-79 コンプレッションリング

る。このCが大きすぎるとガスもれを起こし，小さすぎると先端どおしが当たり，破損につながる。さらに，偏摩耗したシリンダーに新品のリングを組み込む場合にはCの値がシリンダーの上下方向の位置によって変化することがあるので，注意を要する。張力Wはリングの張りの強さを表わす指標であり，単位はkgfやNを用いる。また，リングの幅Bと厚さTは図のように定義されており，後述のフラッタリングに対してはBが小さく軽い方が有利であるが，伝熱性の点では不利となる。そこで可能な限りBを小さく設計する。一方，Tが大きいと張力Wは大となるが，シリンダーの変形に対する追従性は低くなる。当然リングとピストンのリング溝との間にはすき間を設けてある。

次にコンプレッションリングの断面形状としては図2-80に示すようにいろいろな型式があるが，(a)のバレル型と(b)のテーパー型が一般的である。(c)は当たり面の面圧を上げるためにアンダーカットを施したものであり，基本的には(b)と同じである。また，使い方の例を図2-81に示す。ここでリングの断面を長方形として面圧Pを求め

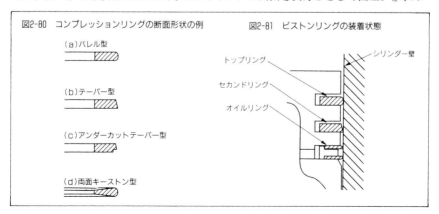

図2-80 コンプレッションリングの断面形状の例　　図2-81 ピストンリングの装着状態

ると，
$$P = \frac{2W}{BD} \text{ kgf/mm}^2 \, (W\text{の単位がNの場合MPaとなる})$$

次にリングをシリンダーに挿入しない自由状態でのすき間をLmmとし，ヤング率をEkgf/mm²(1kgf/mm²は9.8MPaに相当)とすると張力Wは，
$$W = \frac{EB(L-C)}{14.1\left(\frac{D}{T}-1\right)^3} \text{ kgf} \, (E\text{の単位がMPaの場合Nとなる})$$

となり，シリンダー径Dは一定なのでTの影響が大きいことがわかる。また，材料はバネ鋼や球状黒鉛鋳鉄，ステンレス鋼を用い，硬質クロームメッキを施すことがある。筆者のレーシングエンジンを開発した経験では，アルミ製ライナーの場合スティールリングに窒化チタンのメッキを施したところ，相性は抜群であった。

ピストンリングとシリンダーとの間に生成する油膜の状態は，図2-82のようになっている。油圧の最大点は運動の方向に少し偏ったところとなる。この油膜の状態はピストンスピードとリングが発生する面圧に影響される。ピストンリングは機能を果たしながら，摩擦抵抗が最小になるように設計する。

オイルリングには図2-83のような組立式と図2-84のような一体型が多く使われている。オイルのかき落とし性能の点で組立式の方が良いと思われる。三分割構造になっており，炭素鋼やオーステナイトステンレス鋼の波状のエキスパンダーの上下のシリンダー中心側にある突起で上下2本のレールを押し広げ，シリンダーに当て面圧を調整する。かき落としたオイルを速やかにピストンのオイルリング溝からクランクケースに戻すために，油はけを良くしようと中央部分を抜いてある。また，オイルリングの張力Wは，エキスパンダーのばね定数を$k$kgf/mm，エキスパンダー

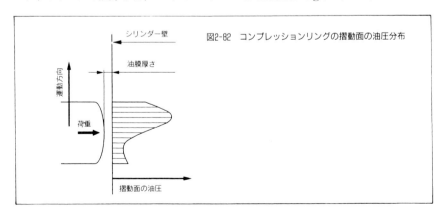

図2-82　コンプレッションリングの摺動面の油圧分布

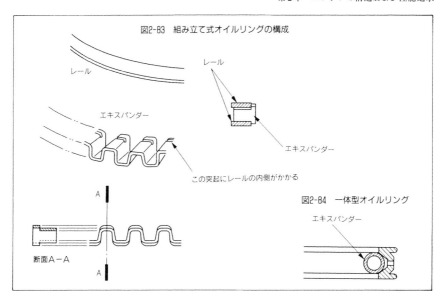

図2-83 組み立て式オイルリングの構成

図2-84 一体型オイルリング

の圧縮代をδmmとすると，次のようになる。

$$W = k\delta \text{ kgf}(k\text{の単位が}N/\text{mmの場合，}W\text{の単位は}N)$$

コンプレッションリングがフラッタリングを起こすとガスシール機能を損い，ブローバイが増大する。ピストンリングには図2-85のように加速度とは逆方向に慣性力が，運動方向と逆方向に摩擦力が働き，さらにガス圧力が作用している。リングの上面に働くガス圧力はリングをピストンのリング溝に押し付け，リングの背面に加わったガス力は張力とともに摩擦力を発生させる。これらの力のバランスでピストンリングのリング溝内での挙動が決まる。その状況を図2-86に示す。正常時にはピストンリングは溝の上か下かに密着しているが，力がつり合ってしまうと，図の右側のように溝の中で浮くことがある。これがフラッタリングである。とくに圧縮

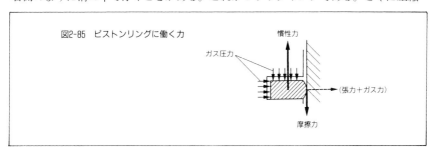

図2-85 ピストンリングに働く力

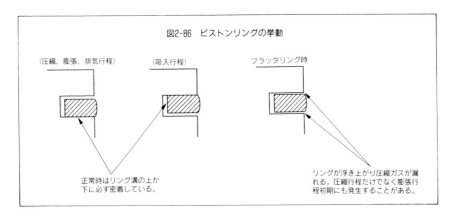

行程の中頃からピストンが減速に入るとピストンリングが浮き上がり，圧縮中のガスが抜けてブローバイが急激に増え，パワーが落ちたり燃料によるオイル稀釈が起こることがある。

フラッタリングはエンジン回転数と負荷，すなわちガス圧力に大きく影響される。B寸法を詰めてリングを軽くすることはフラッタリング対策として有効である。しかし，フラッタリング現象については，まだ完璧に解析されているとはいえないのが現状である。

(2)コネクティングロッド

コネクティングロッドはロッド部とキャップとで構成され，強大なガス力による圧縮荷重とピストンやコネクティングロッド自身の慣性力などによる引っ張りと圧縮荷重を交互に受ける。この慣性力はエンジン回転数の二乗に比例するので，高速エンジンではとくに問題となる。これらの力を受けるピストンピンやクランクピンとの軸受部には大きな面圧が発生し，焼き付きを起こしやすい部位をかかえている。また，コネクティングロッドの破壊はエンジンに致命的なダメージを与える。

図2-87に一般的なコネクティングロッドの形状を示す。基本的な部位の分け方として，大端部，ロッド部，小端部とになる。大端部はコネクティングロッドキャップとともにクランクピンメタルのハウジングを形成する。リーマーボルトあるいはノックピンで位置決めし，内面を加工して真円度を確保する。コネクティングロッドメタルは爪付きの半割り式でケルメットを用いるのが一般的である。コネクティングロッドの破損部位として，ボルトやナットの座の隅からクラックが進行することが多い。そのため，図2-89のように座の隅に丸みをつけ，応力の集中を避ける。

第2章　エンジンの構造および性能追求

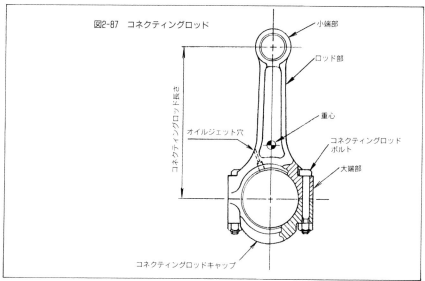

図2-87　コネクティングロッド

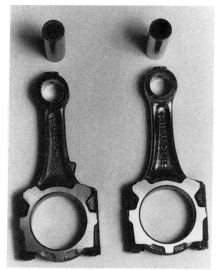

図2-88　スティール製のコネクティングロッド
右側がチューンアップ用，ピストンピンにも注意。

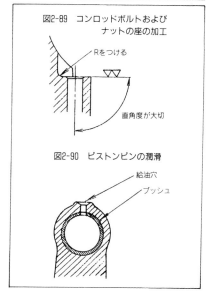

図2-89　コンロッドボルトおよびナットの座の加工

図2-90　ピストンピンの潤滑

　また，座とボルト穴の直角度が確保されないと，ボルトの首部に応力が集中し，ボルトの切損が起こることがある。
　次に，ピストンピンの潤滑はオイルの飛沫によって行う。また，ピンは小端部に

111

圧入されたブッシュと滑動する。図2-90のように小端部の上部に皿取りした小穴を設け，給油状態を改善することもある。また，ピストンのシリンダーとの潤滑や冷却を兼ねてオイルジェットの小穴を設け，これがクランクピンの給油穴と重なるたびにオイルを噴射させる。

　コネクティングロッドおよびキャップの材料としてはクロム鋼，クロムモリブデン鋼の鍛造品を使用するのが一般的である。レーシングエンジンではチタン合金の鍛造品を用いることもある。その他にアルミ合金の鍛造品や焼結金製，FRM製なども軽量化の点から検討されてはいるが，まだ一般的ではない。また，コネクティングロッドボルトとナットは高張力鋼を用いる。その締め方もトルク法や塑性域締結法，あるいはこの両方を使うなどコンロッド組み付け上の細かいノウハウがある。

　コネクティングロッドの基本機能は，ピストンとクランクピンの連結である。そのロッド部は座屈に対し強く，また疲労破壊を起こさず，しかも軽量でなくてはならない。そのためロッド部の断面形状はいろいろと工夫がこらされてきたが，現在使用されているものは図2-91のようにI形とH形の二種類である。

　I形は古くから用いられ，もっとも一般的で無難な形状である。これに対し，軽量化の見地からH形断面が採用され出した。H形はロッド部の端が開放されており，この部分に微視的な欠陥があると，ここからクラックが発生しやすい。また，図2-92のように燃焼ガス力が中央に集中しやすく，この部分のメタルの当たりが強くなる。軽量化に対する要求が強いレーシングエンジンではH形が多いようであるが，

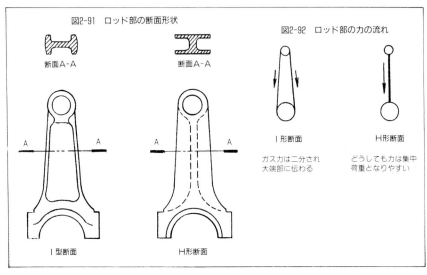

I形の方が機能的に優れているということができる。

大端部からクランクピンに働く力の方向と大きさは，その動きにつれて変動する。燃焼ガス力やピストンおよびロッド部の往復慣性力により，コネクティングロッドの大端部は変形しながらクランクピンに拘束されて運動している。コネクティングロッドの往復重量は全体の重量の1/4～1/3であり，残りの重量はクランクピンとともに円運動をしていると考えてよい。この部分の重量が遠心力を発生させる。

一方，ピストンに作用するガス力は各行程，クランク角によって変化する。圧縮行程と膨張行程ではピストンにガス圧が作用するが，排気行程ではほとんど圧力は加わらない。また，吸入行程ではマイナスの圧力が作用する。それとともに，コネクティングロッドは揺動するため，慣性力は上下方向だけでなく横方向や斜め方向にも発生する。さらに大端部の重量による遠心力が加わる。

図2-93はコネクティングロッド大端部とクランクピン間に働く力の方向と大きさの変化の様子を時系列的に表わしたものである。図の右の上死点時にはガス力と慣性力が相殺し合ってベアリング荷重は小さいが，排気行程の上死点ではガス力が小さく慣性力がほとんどそのまま作用し，大端部を強く下方に引っ張る。このため，ベアリングキャップは図2-94のように変形し，それに対応して側面は内側に向かって変形しようとする。これがクローズインと呼ばれる現象で，メタルクリアランス

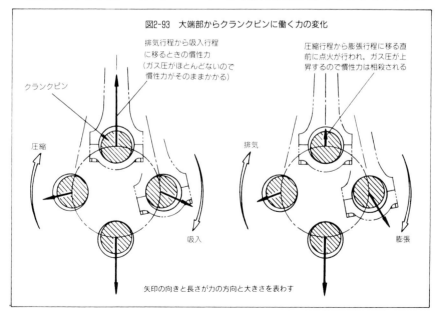

図2-93　大端部からクランクピンに働く力の変化

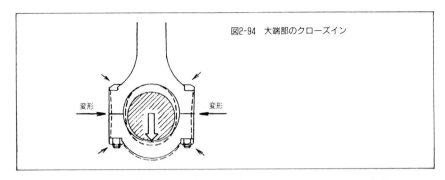

図2-94 大端部のクローズイン

が局部的に小さくなりすぎ，焼き付きを発生させることもある。その対策として，キャップ部の剛性を上げ，さらにロッド部の剛性も活用してベアリングハウジング全体として変形を問題ない範囲にとどめるようにする。

⑶クランクシャフト

　クランクシャフトはシリンダーブロックとともにエンジン全体の強度に大きく影響する部品である。クランクシャフトの基本的な構成はメインジャーナル，クランクピンとクランクアームおよびカウンターウエイトである。一つのシリンダーに相当するこの構成全体を1スローという。

　図2-95のような直列4シリンダーの場合は，このスローが四つ連結されている。その前端にカムシャフトを駆動する動力を取り出すスプロケットなどや補機類駆動

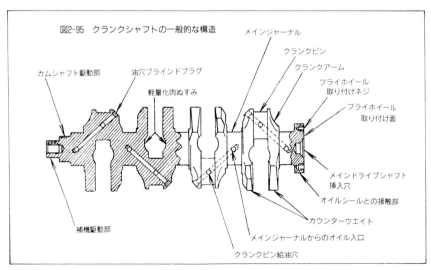

図2-95 クランクシャフトの一般的な構造

図2-96 クランクシャフト

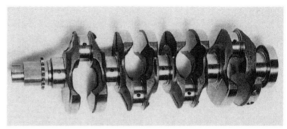

図2-97 クランクシャフト後端の
フライホイール取り付け部

図2-98 メインジャーナルからの
給油穴のストレートドリリング

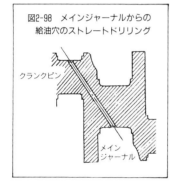

図2-99 クロスドリリングの油穴

プーリーを取り付ける延長部分があり，位置決め用のキー溝とこれらを一括して締結するためのネジが切られている。後端には取り付けフランジがあり，その外周がオイルシールとの当たり面をかねている。また，メインジャーナルからクランクピン部への給油穴が開けられている。この穴は図2-98のように直線的にメインジャーナルからクランクピンに向かって開けるストレートドリリング方式が手軽であるが，高速時にオイルが遠心力によって流れすぎ，油圧が低下することもあり，これを防

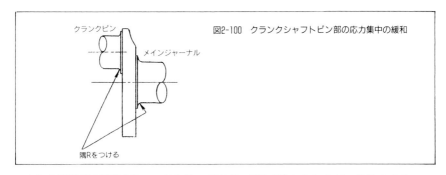

図2-100　クランクシャフトピン部の応力集中の緩和

ぐためT字形の通路(クロスドリリング方式，図2-99)とするのが一般的である。

クランクシャフトは，その形状から応力が集中する部位が多く存在する。とくに応力が集中し，クラックの起点となりやすいメインジャーナルおよびクランクピンとクランクアームとの境には図2-100のように隅Rをつけ，場合によってはフィレットロールをかける。材料は炭素鋼の鍛造品でジャーナルやピン部分，隅R部分を高周波焼き入れしたり，タフトライド処理を施す。また，生産性の面からダクタイル鋳鉄製の場合もある。いずれにせよ，強靱で摺動部分の耐摩耗性に優れていることが必須である。

①剛性

クランクシャフトにはエンジン運転中，常に交番荷重が作用し，ねじれや曲げ振動を起こしやすく，これが騒音や破壊の原因となる。一見，剛そうなクランクシャフトも曲がりねじれながらベアリングクリアランスいっぱいに振れまわっている。クランクシャフトの剛性には，ねじれにくさを表わすねじれ剛性と曲げにくさを示す曲げ剛性がある。これらの剛性は有限要素法(FEM)を使ってかなり精度良く求めることができ，設計段階で自信をもって各部の寸法を決められるようになった。し

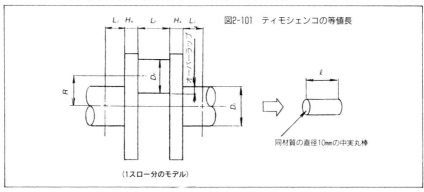

図2-101　ティモシェンコの等値長

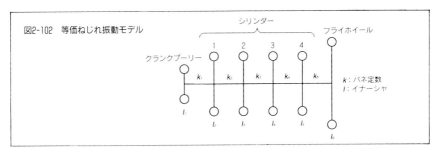
図2-102 等価ねじれ振動モデル

かし，コンピューターが発達し複雑な技術計算が可能になる以前には，材料力学的な視点から剛性評価方法が提案され活用されていた。この中で有名なのは材料力学の権威，ティモシェンコが導いたクランクシャフトのねじれ剛性を表わす式である。これは図2-101のようにクランクシャフトの1スロー分のねじれ剛性を直径10mmの中実の棒の長さに換算するものである。当然，換算した等値長が短いほど剛性は大となる。クランクアームの幅をB_aとして，

$$\text{ティモシェンコの等値長} \quad l = \frac{2L_j + 0.9H_a}{D_j{}^4} + \frac{L_p + 0.9H_a}{D_p{}^4} + 0.93\frac{R}{H_a B_a{}^3}$$

となり，ジャーナルやピンの直径を大きくすると剛性は飛躍的に向上することを示唆している。また，ジャーナルやピンの長さを増すことは剛性上不利になることがわかる。要はエンジンの全長を少しでも詰め，コンパクトにすれば剛性は向上する。ここで，一般にねじれ剛性が満たされれば，曲げ剛性はあまり問題とならない。また，メインジャーナルとクランクピンのオーバーラップが大きくなると剛性は大幅に向上する。

ねじれ剛性が高ければクランクシャフトのねじれ振動の固有振動数は高くなり，振動振幅は小さくなる。この固有振動数はクランクシャフト，フライホイール，プーリーなどを図2-102のようにモデル化し，ホルツァーの式を用いてコンピューターで計算して求めるのが便利である。

②軸受荷重とフリクション

クランクジャーナルやピンの軸径や長さは，剛性面と同時に軸受面圧とフリクションの点からも検討する必要がある。図2-103のように直径d，長さlの軸部が荷重Wを受け，一様な油膜厚さCを保って回転速度Nで回転したとする。軸の周速をUとすると$U = \pi dN$，油の粘性係数をμとすると油膜の応力τは，

$$\tau = \mu \cdot \frac{U}{C} = \mu \cdot \frac{\pi dN}{C} \quad \cdots\cdots\cdots\cdots\cdots\cdots (1)$$

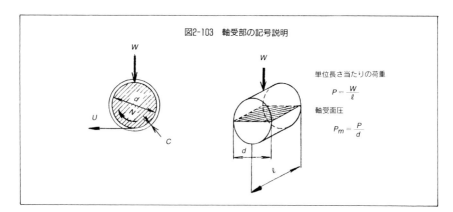

図2-103 軸受部の記号説明

軸受の単位長さ当たりの荷重を$P\left(=\dfrac{W}{l}\right)$とすると，軸受面圧$P_m$は，

$$P_m = \dfrac{P}{d} = \dfrac{W}{ld} \quad\cdots\cdots\cdots\cdots\cdots\cdots\cdots\cdots\cdots (2)$$

すなわち，軸受メタルの許容面圧から軸部の径と長さの積が決まる。しかしながら，$l \times d$がある値以上ならば良いというわけではない。先に述べたようにlが大きくなるとクランクシャフトの剛性が低下し，dが大きくなると剛性は大きく改善される。そうであるからといってdを大きく，その分lを小さく設定すれば良いというものではない。dが大きくなると，周速が大となってフリクションが増大するのである。回転軸の単位幅当たりの抵抗をD，摩擦係数をfとすると，$D = f \cdot P$となる。一方，$D = \tau \cdot \pi d$であるからτに(1)を代入すると，

$$D = \mu \cdot \dfrac{\pi^2 d^2 N}{C}$$

また，(2)より$P = dP_m$であるから，

$$f = \dfrac{D}{P} = \dfrac{\mu \pi^2 dN}{CP_m}$$

となる。これを書き直すと，

$$f = \dfrac{\pi^2 d}{C} \cdot \dfrac{\mu N}{P_m}$$

となり，軸径dが大きくなるとfもそれに比例して大きくなることがわかる。また，dを一定として考えると$\dfrac{\pi^2 d}{C}$は定数となり，fは$\dfrac{\mu N}{P_m}$に比例する。ここで$\dfrac{\mu N}{P_m}$を軸受定数と称する。しかし，この式は油膜厚さCが全周にわたって一定の条件のもとで導かれている。実際の平軸受ではfと$\dfrac{\mu N}{P_m}$との関係は図2-104のようになる。図の流体

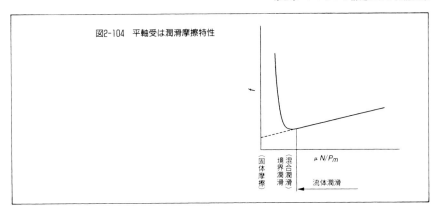

図2-104 平軸受は潤滑摩擦特性

潤滑の範囲は安定しており，油温が上昇すると粘性が低下し摩擦は減少する方向であるが，境界潤滑の領域では摩擦が大きく，粘性が下がるとさらに摩擦が増え，温度は加速度的に上昇し，最後には焼き付きに至ることもある。通常の設計では流体潤滑の範囲に入っていると考えられるが，軸や軸受の表面の状態や各部の変形，給油量やオイルの性状などの影響が大きい。また，lが短かすぎると油が逃げてしまい，十分な油膜圧力を発生させることはできない。したがって，l/dは多角的に検討して決められる。

③つり合い

クランクシャフトのカウンターウエイトの諸元を決めるためには，ピストンクランク機構の力学的な解析が必要になる。図2-105のようにクランクの回転半径r，コネクティングロッド長さl，同じく揺動角ϕ，クランク角がθのときのピストンピン

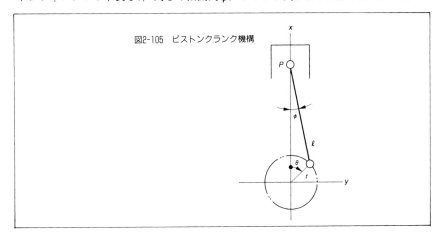

図2-105 ピストンクランク機構

位置をPとしてx, y軸を設定する。ここでクランク回転の角速度をωとすると$\theta=\omega t$となる。時刻tにおけるPの位置は,

$$x=r\cos\theta+l\cos\phi \cdots\cdots\cdots\cdots\cdots(1)$$

一方,$r\sin\theta=l\sin\phi$であるから(1)式でϕを消去すると

$$x=r\cos\theta+l\sqrt{1-\rho^2\sin^2\theta} \cdots\cdots\cdots\cdots(2)$$

ここで$\rho=\dfrac{r}{l}$で,連桿比$\dfrac{l}{r}$の逆数である。
(2)式の$\sqrt{}$を展開すると,この式は次のように書き替えられる。

$$x=r\cos\theta+l+\sum_{n=0}^{\infty}A_{2n}\cos2n\theta\cdots\cdots\cdots\cdots(3)$$

ここで,A_{2n}は次のようになる。

$$A_0=-\frac{1}{4}\rho-\frac{3}{64}\rho^3-\frac{5}{256}\rho^5-\cdots\cdots$$

$$A_2=\frac{1}{4}\rho+\frac{3}{16}\rho^3+\frac{15}{512}\rho^5+\cdots\cdots$$

$$A_4=-\frac{1}{64}\rho^3-\frac{3}{256}\rho^5-\cdots\cdots$$

このようにピストンが正弦波運動をしないのはコネクティングロッドが揺動することによる。もし,連桿比$\dfrac{l}{r}$が無限に大きければ,その逆数ρは限りなく0に近づくため,(3)式は,$x=r\cos\theta+l$ となってピストンは正弦波運動することがわかる。一般に$\dfrac{l}{r}$は3.4以上に設計するのでρ^3は0.025以下となり,これ以降の項を省略すると(3)式は,

$$x=r\left[\cos\theta+\frac{1}{\rho}-\frac{\rho}{4}(1-\cos2\theta)\right]\cdots\cdots\cdots(4)$$

となる。ここで$\theta=\omega t$であるから$\dfrac{d\theta}{dt}=\omega$,これを用い(4)式を微分して$P$の速度と2次微分して加速度を求めると,

$$\dot{x}=-r\omega(\sin\theta+\frac{\rho}{2}\sin2\theta)\cdots\cdots\cdots\cdots(5)$$

$$\ddot{x}=-r\omega^2(\cos\theta+\rho\cos2\theta)\cdots\cdots\cdots\cdots(6)$$

となり,この$\ddot{x}$と往復重量との積が往復慣性力X_pである。ピストンおよびコネクテ

書名	内容	著者	仕様
企業風土とクルマ 歴史検証の試み	メーカーの経営トップはいかに行動し、その会社が持つ文化や特性はクルマづくりにどう影響してきたのか？長期にわたる取材と関係者の証言をもとに検証する。	桂木洋二 著	A5判並製　本体2800円+税
フォルクスワーゲン ゴルフ そのルーツと変遷	日本で輸入車トップクラスの販売台数を誇るドイツ車ゴルフ。その歴史を「ドイツ・モダニズム」に探り、歴代ゴルフを貴重な図版とともに詳細に辿る。	武田 隆 著	A5判並製　本体2000円+税
シトロエンの一世紀 革新性の追求	2CVを始め、シトロエンの独創的なクルマづくりの背景として「現代文明発祥の都」パリに誕生したことに注目、貴重な図版を多数収録し、足跡を辿る。	武田 隆 著	A5判並製　本体2600円+税
初代クラウン開発物語 トヨタのクルマ作りの原点を探る	競合他社が海外メーカーとの技術提携で乗用車開発を進めるなか、トヨタはあえて純国産の自動車を開発するという苦難に挑んだ。新たに発掘された資料を収録した増補新版。	桂木洋二 著	A5判並製　本体1800円+税

●モータースポーツ

書名	内容	著者	仕様
ジムカーナ入門	ジムカーナへの参加方法や競技の解説、車両のチューンアップ、運転テクニックをモータースポーツ誌の元編集長がわかりやすく伝授。主要なコースガイドを収録した新訂版。	飯塚昭三 著	A5判並製　本体1600円+税
必勝ジムカーナ **セッティング**	ジムカーナでは、タイヤの性能を出し切ること、そのためのセッティングが鍵を握っている。本書はトップドライバーへの取材を通してその真髄を紹介する。	飯嶋洋治 著	A5判並製　本体1800円+税
ランサー **エボリューションI〜X**	ランサーエボリューションはコンパクトなボディにハイパワーユニットを搭載、フルタイム4WDを装備し、WRCに勝つために進化を重ねてきた。その変遷を解説。	飯嶋洋治 著	A5判並製　本体1800円+税
サーキット走行入門	サーキット走行に興味を持っているドライバーを対象に、その準備からマナー、ドライビングテクニックの基本、応用までを写真や図版も含め、詳細に解説。	飯塚昭三 著	A5判並製　本書1600円+税
モータースポーツのための **チューニング入門**	モータースポーツ走行を始めたい方のために、エンジン系・駆動系を始めとして、自分でできることとプロに委ねるべきことの区別も考慮し、わかりやすく解説。	飯嶋洋治 著	A5判並製　本体1800円+税
初代スカイラインGTR 戦闘力向上の軌跡	初代スカイラインGTRについて、いかに車両を開発し強靭なチームへと導いていったのかを、当時の監督が解説した「唯一の書」。巻末に初代の戦績も収録した増補版。	青地康雄 著	A5判並製　本体2000円+税

日産大森ワークスの時代 いちメカニックが見た20年 藤澤公男 著	高度成長期の日産のレース活動は、追浜と大森の活躍でファンを熱狂させた。大森ワークスのメカニックを務めた著者が多数の貴重な写真とともに当時の活動を語る。 A5判並製　本体2400円+税

●トラック・バス

建設車両の仕組みと構造 GP企画センター編	建設現場で活躍する積込機械・掘削機械・基礎工事機械・運搬用機械など、用途別に様々な仕組みを持つ建設車両について、その構造を詳しく解説。 A5判並製　本体2000円+税
国産トラックの歴史 中沖　満+GP企画センター編	日野・いすゞ・日産ディーゼル・三菱ふそうの拮抗し合う国内4大メーカーの動きを中心に、膨大なトラックの戦前・戦後史を初めて詳細に辿る。 A5判並製　本体2000円+税
トラックのすべて GP企画センター編	大型ディーゼルエンジンの出力向上を始め、シャシーの構造、タイヤからその製造過程まで、現在のトラックのすべてを、多数の図版と写真でわかりやすく紹介。 A5判並製　本体2000円+税
小型・軽トラック年代記 桂木洋二+GP企画センター編	戦前の小型トラックの誕生史から小型トラックの台頭、1960年代前後の多くの名車を残した軽三輪や軽四輪トラックの時代を経て今日につながる系譜を辿る。 A5判並製　本体2000円+税
新版・日本のバス年代記 鈴木文彦 著	日本のバスの発祥から戦後復興、ボンネットバス、キャブオーバーバスとセンターアンダーフロアエンジンバスの歩みを経て最新まで、日本のバスの集大成。 A5判並製　本体2200円+税
特装車とトラック架装 GP企画センター編	特殊な建設資材運搬車やミキサー車などの特装車に加え、トラックボディをベースに架装したウイングボディ車などトラック架装車の構造を多数の図版で解説。 A5判並製　本体1900円+税
バスのすべて クルマで人を運ぶ世界 広田民郎 著	社会的役割に対応して進化を遂げ、重要性が高まっているバスについて、綿密な取材をもとにバスの現状から企画、設計、生産、メカニズムなど多面的に解説。 A5判並製　本体2000円+税

●鉄道・飛行機

日本の鉄道車輌史 久保田　博 著	日本の鉄道創業期を始めとして、国有化期から現代へと基幹的交通機関としての地位を維持した130年の歴史の中で、その代表的車輌237点を1/120の精密な画で辿る。 A5判並製　本体2500円+税

書名	内容	著者	仕様
戦後日本の鉄道車両	新しい技術や設計思想を取り入れた戦後の鉄道車両の発達過程を代表的な系列にスポットを当てて紹介。機関車・旅客車・貨車・事業用貨車など多くの写真で辿る変遷史。	塚本雅啓 著	A5判並製　本体2000円+税
追憶の蒸気機関車	戦後の国鉄時代と共に行き、その盛衰を見守ってきた著者が、代表的27機種の蒸気機関車を技術的な性能向上と当事者でしか知りえないエピソードで振り返る。	久保田 博 著	A5判並製　本体1800円+税
蒸気機関車誕生物語	英国での蒸気機関車の誕生を、産業革命の技術的な基礎となった精密な時計工業から説き起こし、蒸気機関車の製造や路線の開発・拡充の経緯を克明に物語る。	水島とおる 著	A5判並製　本体2000円+税
日本鉄道史年表 －国鉄・JR－	鉄道開業時から現在に至る国鉄・JR・第3セクターの列車運転や路線の編入・分離を軸に、時刻改正の事項では参考文献を付しつつ、詳細にまとめた鉄道史年表。	三宅俊彦 著	A5判並製　本体1700円+税
蒸気機関車 メカニズム図鑑	水を蒸気に変えて全てのエネルギー源とし、その蒸気の循環によって様々なピストンを作動させるそのメカニズムの詳細を、精緻を尽くして描いた図鑑。1998年刊同書の新装版。	細川武志 著	A5判並製　本体3000円+税
ジェットエンジン史の徹底研究 基本構造と技術変遷	戦後に急速な発展を遂げるジェットエンジン。本書は、長年、国産ジェット機開発に携わった著者ならではの視点で、その変遷を今後の動向も踏まえて解説する。	石澤和彦 著	A5判並製　本体2400円+税
歴史のなかの中島飛行機	「SUBARU」の前身、中島飛行機の創設者中島知久平の活動と会社発展の軌跡、また戦後自動車産業界に輩出された優れた技術者らについての経過を語る。	桂木洋二 著	A5判並製　本体1800円+税
三菱 航空エンジン史 大正六年から終戦まで	零戦や雷電など数々の名機を生んだ三菱の航空エンジン・機体について語る。「三菱航空機略史」抜粋も掲載、資料性も高い。三菱による航空発動機研究開始100周年記念刊行。	松岡久光 著／中西正義 著	A5判並製　本体2000円+税

●オートバイ・その他

書名	内容	著者	仕様
ライディング事始め	オールイラストで語り尽くすバイクの楽しみ方。ライディングのノウハウと行き届いたアドバイス、メカの基礎知識等、わかり易いイラストと平易な解説。格好の入門書。	つじ・つかさ 著／村井 真（絵）	A5判並製　本体1000円+税
ベストライディングの探求	ムダな操作をしない為の知識、ライディングフォームやブレーキング、加速や倒し込み、ライン取りまで、自分にとってより良い走り方をイラストと共に解説した。新装版。	つじ・つかさ 著／イラスト：村井 真	A5判並製　本体1400円+税

自転車競技入門

飯嶋洋治 著

乗ることもメカをいじることも楽しい自転車競技について、その参加方法から、競技用自転車の選び方、基本的なライディングテクニックなどわかりやすく紹介。

A5判並製　本体1600円+税

FRPボディとその成形法

浜　素紀 著

バイクのカウルからクルマのボディまで、名車のレストアやエアロパーツの製作に必須のFRPによる原型→雌型→製品の成形を実際の工作過程に即して平易に解説する。

A5判並製　本体2000円+税

クルマ&バイクの塗装術

中沖　満 著

塗装のプロをめざす方を始め、クルマやオートバイを初めて自分で塗ってみようという方のために、日本一とも言われたその塗装のワザを、図版と共に基礎から丁寧に解説。

A5判並製　本体1800円+税

作業工具のすべて
ハンドツールの歴史・特徴・比較

広田民郎 著

最適な工具選びのためにその種類や使い勝手を徹底分析、さらに国内外の26ブランドについて、その特徴を工具専門家の著者が、ユーザー目線でわかりやすく解説。

A5判並製　本体2400円+税

力道山のロールスロイス
くるま職人 想い出の記

中沖　満 著

塗装職人として腕を磨くなかで出会った数々の名車とのエピソードと、修理に来るプロレスラー力道山など、人々との交流を綴る。車を軸にして描いた体験的戦後史!

四六判上製　本体1800円+税

モータリゼーションと自動車雑誌の研究

飯嶋洋治 著

大正から現在までの日本のモータリゼーションと自動車雑誌の変遷を追いながら、関係者の証言と図版でその興隆を振り返る。創刊号の表紙、当時のなつかしい記事も紹介。

A5判並製　本体2000円+税

戦後モータージャーナル変遷史
自動車雑誌編集長が選ぶ忘れられない日本のクルマ

小田部家正 著

自動車雑誌の編集長として活躍してきた著者が、各時代に登場し、社会現象にまでなった日本の名車について、その時代背景もふまえて、多くの図版とともに解説。

A5判並製　本体1800円+税

クラシックカー再生の愉しみ
FRPによるボディ作りとレストアのすべて

浜　素紀 著

FRP成形の第一人者の著者が1933年のロールスロイスをレストアした実体験をもとに、そのノウハウを解説。憧れの車を自ら復元し走らせたいと願う人の夢の参考書。

A5判並製　本体2400円+税

2017.10. 30000S

全国の書店、インターネット書店でお求めいただけます。弊社通販をご希望の方は
TEL03-3295-0005／FAX03-3291-4418までご連絡ください。

詳細・最新情報はこちら
www.grandprix-book.jp

刊行のご案内の他、新車やイベント情報をお伝えするGPモーターブログも掲載。
ツイッターでも最新情報をお届けしています。アクセス・フォローをお願いいたします。

ィングロッドの往復重量の和をw_pとすると慣性力は加速度とは逆方向に働くので，

$$X_p = -\frac{w_p}{g}\ddot{x}$$

$$= \frac{w_p}{g}r\omega^2(\cos\theta + \rho\cos 2\theta)$$

となる。ここでSI単位を用いると，w_pをm_pと置き換え$X_p = m_p r\omega^2(\cos\theta + \rho\cos 2\theta)$となる。この第1項を一次慣性力，エンジンが1回転に対し2回発生する第2項を二次慣性力と称する。また，これらを総称し不平衡慣性力という。

一方，回転重量による慣性力はx, y軸方向の成分をそれぞれX_c, Y_c, 回転部分の重量をw_cとすると，

$$X_c = \frac{w_c}{g}r\omega^2\cos\theta, \quad Y_c = \frac{w_c}{g}r\omega^2\sin\theta$$

また，SI単位の場合は回転質量をm_cとして，それぞれ$m_c r\omega^2\sin\theta$, $m_c r\omega^2\cos\theta$となる。さらに遠心力の大きさは$\sqrt{X_c^2 + Y_c^2} = \frac{w_c}{g}r\omega^2$となり，SIの場合は$m_c r\omega^2$で表わされる。この回転部分の慣性力はつり合いおもりにより，つり合わせることができる。

以上は一つのシリンダーについての検討であるが，多シリンダーの場合は位相差をもってこのような現象が発生する。まったく逆相になれば力を打ち消すことになる。そこで，シリンダー数，クランクピンの配置やシリンダーのバンク角は加振力

表2-4 多シリンダーエンジンの不平衡慣性力と不平衡偶力

シリンダー配置	シリンダー数	クランクピン配置	不平衡慣性力	不平衡偶力
直列	3		0	$\sqrt{3}\frac{w_p}{g}r\omega^2 d(\sin\theta - \rho\sin 2\theta)$
直列	4		$4\frac{w_p}{g}r\omega^2 \cdot \rho\cos 2\theta$	0
直列	6		0	0
V型 水平対向	4		$X=0$ $Y=0$	$Mx=0$ $My=-2\frac{w_p}{g}r\omega^2 d\rho\cos 2\theta$
V型 60°-V	6		$X=0$ $Y=0$	$Mx=\frac{3}{2}\cdot\frac{w_p}{g}r\omega^2 d\rho\cos 2\theta$ $My=-\frac{3}{2}\cdot\frac{w_p}{g}r\omega^2 d\rho\sin 2\theta$
V型 90°-V	8		$X=0$ $Y=4\sqrt{2}\frac{w_p}{g}r\omega^2 \rho\sin 2\theta$	$Mx=0$ $My=0$

に着目して決めることになる。一方，多シリンダーの場合はシリンダーとシリンダーの間に距離があるため，不平衡慣性力によりモーメントが発生する。これを不平衡偶力という。参考までに4サイクルエンジンについてρ^3以上の項を省略した不平衡慣性力および不平衡偶力を表2-4に示す。

　表中のdはシリンダー間距離（ボアピッチ），またV型エンジンの場合，不平衡慣性力はx および y 方向に発生するのでそれぞれX，Yとし，また，x 軸および y 軸まわりの不平衡偶力はM_x，M_yとして示す。

　クランクピン配置とともに点火順序を決める必要があるが，燃焼が等間隔で行われ，さらにクランクシャフトのねじれ振動を助長しないように配慮する。多シリンダーの場合，カウンターウエイトをつけなくてもエンジン全体としてつり合うことがあるが，ベアリングメタルの焼き付きや偏摩耗を避けるためにも，各スローごとにつり合いをとるのが良いと考えられる。しかし，これはエンジン重量にはね返りを伴うので最低限の重量とすべきである。図2-106の左のように各スローでつり合いがとれていないと，クランクシャフトが微視的に曲がりメタルと片当たりを起こす。レーシングエンジンの場合，70%のバランス率ではまだベアリングメタルに片当たりが発生し，90%のつり合い率にしてメタルを保護した経験を筆者はもっている。

　カウンターウェイトは，同じ重量ならば回転中心から離して配置した方が効率は良く、また図2-107のように幅が広くなると，つり合いおもりとしての効果は少なくなる。

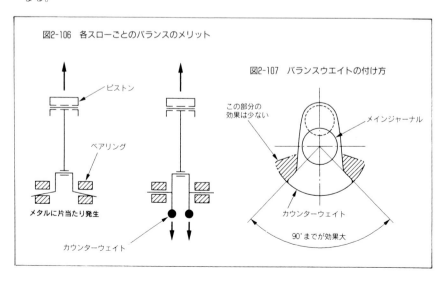

図2-106　各スローごとのバランスのメリット

図2-107　バランスウエイトの付け方

(4)フライホイール

各シリンダーは膨張行程時に仕事をし，吸入，圧縮，排気行程では他からエネルギーを得ている。まず，ピストンピンにかかる力を考えてみる。ここにはガス力 F_g と往復重量による慣性力 X_p が作用している。前出の図2-105で力の下向きの方向を正とすると，合成力 F は $F = F_g - X_p$ となる。この力が変動すれば，当然クランク機構によって変換されたトルクも変動する。

図2-108は1800ccの直列4シリンダーエンジンがスロットル全開で2000rpmで回転しているときの，理論的なクランクへの入力トルクの変化状態を示す。ガス圧力成分は測定したシリンダー内ガス圧力から，また慣性力は直接計算によって求めた。この合成トルクの一部は，カムシャフトやウォーターポンプを駆動するのに使われて機械損失として出力には寄与しないが，その残りの平均値が軸トルクとなる。図のように4シリンダーの場合でも合成トルクが負となるところがある。平均値よりトルクが大きいところではクランクシャフトの回転を加速，小さいところでは減速に転ずる。これを図で示すと図2-109のようになる。平均トルクを T_m とし，各瞬間でのトルクを T とすると，回転角速度の変化 $\dfrac{d\omega}{dt}$ は $T - T_m > 0$ で正，$T - T_m < 0$ で負となっている。回転慣性モーメントを I とすれば，

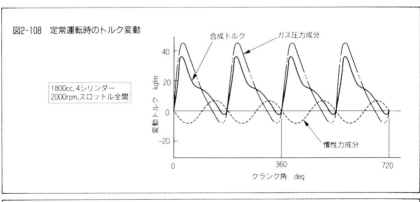

図2-108 定常運転時のトルク変動

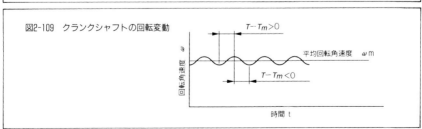

図2-109 クランクシャフトの回転変動

$$I\frac{d\omega}{dt} = T - T_m$$

となるから、Iが大きければ$\frac{d\omega}{dt}$の絶対値は小さくなることがわかる。ωの最大値および最小値をそれぞれω_{max}, ω_{min}とすれば、

$$\omega_{max} - \omega_{min} = -\frac{1}{I}\int_{①}^{②}(T - T_m)\,dt$$

となる。ここで①、②は時刻を意味する。次に速度変動率δは$\delta = \frac{\omega_{max} - \omega_{min}}{\omega_m}$と定義されるので、これを上式の左辺に代入すれば、

$$\omega_m \delta = -\frac{1}{I}\int_{①}^{②}(T - T_m)\,dt$$

すなわち、

$$\delta = -\frac{1}{I\omega_m}\int_{①}^{②}(T - T_m)\,dt$$

となり、フライホイールをつけIを大きくすれば速度変動率は小さくなり、また回転数が高ければ、すなわちω_mが大きくなればδは小さくなることを示している。したがって、ω_mが小さいアイドリングや低速回転時にはフライホイールの効果が必要であることがわかる。一方、Iが大きくなるとエンジンの回転の変化に対し鈍感となり、レスポンスが悪くなるので、Iはδをいくらにおさえ込むかによって最低限の値

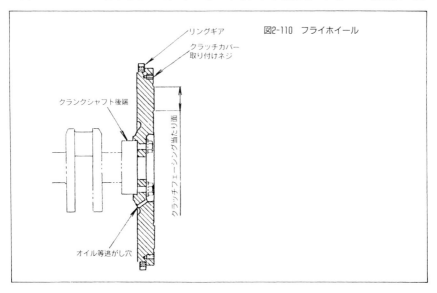

図2-110 フライホイール

とする。一般にδは$\dfrac{1}{70} \sim \dfrac{1}{25}$程度に設定される。

図2-110にマニュアルトランスミッション車用のフライホイールの例を示す。この場合，フライホイールにはクラッチフェーシングとの摩擦面とクラッチカバーの取り付け面が必要になる。また，外周にはスターターのピニオンギアとかみ合うリングギアが焼きばめされている。材質はフライホイール部がねずみ鋳鉄，リングギアはスティールとするのが一般的であるが，レーシングエンジンのように超高速回転用の場合は，遠心力によるスピン破壊を防ぐためスティールの鍛造製で，その外周に直接リングギアを創成することがある。

回転慣性モーメントは図2-114のように回転中心からrmはなれた点にWkgfの重量がある場合，$\dfrac{W}{g}r^2$ kgfms^{2}となる。また，SI単位を用いるとkgm^{2}がその誘導単位となる。回転慣性モーメントはr^2に比例するため回転二次モーメント，慣性二次モーメント，極慣性二次モーメントともいう。

次に密度ρの材料でできた図2-115のような円板の回転二次モーメントを求めてみる。中心からxだけはなれた幅dxの円環部分の質量は$\dfrac{\rho}{g}(2\pi x)\,dx \times l$であるから，そ

図2-111 フライホイール(クラッチ側)

図2-112 フライホイール(クランクシャフト側)

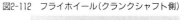

図2-113 クラッチカバーと
クラッチディスク

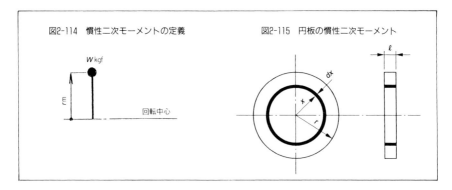

図2-114 慣性二次モーメントの定義　　図2-115 円板の慣性二次モーメント

の慣性モーメントはこれとx^2との積になる。したがって，中心から外周rまでの慣性二次モーメントIは次のように求められる。

$$I = \frac{2\pi\rho l}{g}\int_0^r x^3 dx$$

$$= \frac{\pi\rho l}{2g}r^4$$

この式からrが大きくなるとIは著しく大きくなることがわかる。また，同じ重量ならば中央部分を薄く外周部分を厚くするとIが大きくなり，重量効率が良くなる。

　自動変速機付きの場合はフライホイールの代わりにドライブプレートが用いられる。トルクコンバーターの回転慣性が大きいため，フライホイールは必要ない。ドライブプレートはクランクシャフトとトルクコンバーターとの連結およびリングギアを支持する機能だけで，図2-116のようにプレス製のディスクの外周にリングギア

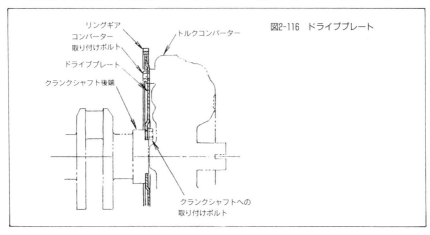

図2-116 ドライブプレート

を溶接しただけの簡単な構造である。

(5)クランクプーリー

　クランクプーリーは補機類駆動用動力をクランクシャフトの前端から取り出すだけではなく，クランクシャフトの振動を抑制する機能をもたせるようにするのが一般的である。以前はVベルト溝を設けた簡単なプーリーであった。しかし，エンジンの高速回転化が進み，使用回転レンジの拡大とともにクランクシャフトのねじれや曲げ振動の共振点が運転領域に入ってくるようになった。共振による振動，騒音レベルの増大やクランクシャフトの破壊を避けるため，ダイナミックダンパーを内蔵したものが多い。

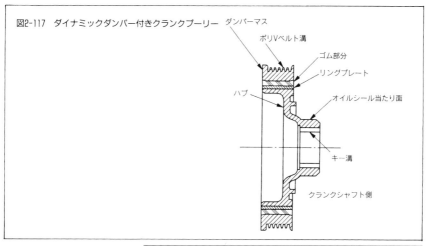

図2-117　ダイナミックダンパー付きクランクプーリー

図2-118
ポリVベルト用クランクプーリー

点火時期調整用のマークが見える。内側にゴム部分があり，ベルトが掛かる外周部がマスとして働く。

ダイナミックダンパーとしてはリング状のおもりを密封し，周りにシリコンオイルを満たしたビスカス式のものと，図2-117のようにゴムのダンピング作用を使ったバネマス式のものがある。前者は性能の点では優れているが，コストおよびスティックの危険性の面から小型エンジンにはあまり使われない。信頼性が高く，コストが安い後者が主流であり，ここではこの構造について説明する。

　補機駆動ベルトがかかる溝のあるリング状のダンパーマス部およびハブ部分は，鋳鉄もしくは軟鋼の棒材を加工して製作されている。一方，ゴム部分はダンパーマスおよび内側の鈑金製のリングプレートに焼き付けられており，このリングの内側にハブが圧入され，一体となる。このようにダンパーマスはハブの周りにゴムの弾性変形の範囲で周方向に動くことができる。ダンパーマスの重量とゴムのバネ定数で固有振動数が定まり，クランクシャフトのねじれ振動の固有振動数（たとえば400Hz）がこれと一致するとダンパーマスが共振する。そこで，クランクシャフトの振動エネルギーをゴムの内部摩擦により熱に換え，空気中に放散させる。

　図2-119はクランクシャフトのねじれおよび曲げ振動を吸収するデュアルモードダ

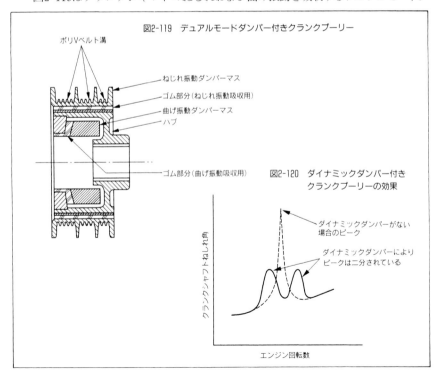

128

ンパー付きのクランクプーリーである。ねじれ振動はベルト溝のある外周のおもりとゴムで吸収し，クランクシャフトの曲げ振動（たとえば250Hz）は半径方向に振動する内側のおもりとゴムとで吸収する。

　図2-120にダイナミックダンパーのクランクシャフトのねじれ振動抑制効果を模式的に示す。ダイナミックダンパーがないと，クランクシャフトのねじれ振動の固有振動数と加振力の周波数が一致するエンジン回転数で鋭いピークが存在する。しかし，ダイナミックダンパーを装着すると，このピークは二分され，ほとんど問題とならない振動振幅となる。一般に二分された低いピークの値をほぼ等しくするのが無難である。ちなみに，クランクシャフトが共振を起こすと，フライホイールに近いクランクピンかウェブ部分から折損することがある。

2-3. 動弁系

　4ストロークサイクルエンジンは2回転で1サイクルを終了するので，2回転ごとに吸気や排気を行わせることが必要になる。そのため，クランクシャフトの1/2の

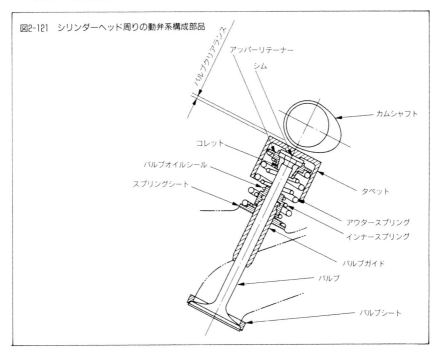

図2-121　シリンダーヘッド周りの動弁系構成部品

回転速度でカムシャフトを調時駆動し、バルブを開閉する。本書は乗用車で主流となっているエンジンを中心に述べているので、まずDOHC直動式のバルブメカニズムについて説明する。

その構成要素を図2-121に示す。バルブはバルブスプリングによって常に閉じ方向に押しもどされ、傘部とバルブシートの当たり面との接触で面圧を発生させ気密を保つ。バルブの端部とアッパーリテーナーとの結合は半割りのコレットによって行う。一方、カムはタペットを介してバルブをスプリング力に抗して押し開けるが、そのとき、熱膨張やバルブシート面の沈みなどによるバルブのつき上げを防ぐためバルブクリアランスが設けられている。そのクリアランスはシムの厚さを選定することにより、所定の値に調整される。一方、バルブを閉じるときはカムのプロフィールに沿ってスプリングがバルブを押しもどし、リフトを滑らかに減少させる。また、バルブオイルシールは潤滑油を必要以上にバルブステムとガイドのすき間からポート内に入れないように、ステムをしごくようにしながら余分のオイルをこそぎ取る。まず、各部分の構造と設計上の着目点などについて述べる。

(1) バルブ

バルブは傘の頂面で燃焼室の一部を形成するとともに、リフトカーブにしたがって吸気ポートや排気ポートの端部を開閉しなければならない。高速時には500Gにも達する加速度で開閉運動をするため、大きな慣性力が生じる。そのため、高温に耐え、軽量でかつ強度があることが要求される。

エンジン運転中の傘部の温度は吸気バルブで250～500℃、排気バルブで600～900℃程度になるので耐熱合金が使用される。たとえば、吸気バルブにはSUH、排気バル

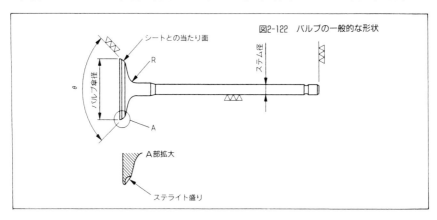

図2-122 バルブの一般的な形状

ブにはSUHや21-4N材などを用いる。また、バルブシートとの当たり面には、図2-122の下に示すようにステライトを溶接により盛ることが多い。一方、接触応力が高いバルブステムの端部はピッチング摩耗を起こしやすいので焼き入れをしたり、ここにもステライトを盛ることがある。

バルブの気密性能はエンジンの出力に直接影響を与える。バルブシートに着座した際の面圧を高く設定するとシート面の摩耗が心配になり、逆に面圧が低いと圧縮もれを起こす危険性がある。そこで、バルブスプリングによって発生するシート面圧を着座投影面積で0.17～0.27kgf/mm²程度に設定する。たとえば図2-122でθが90°の場合、バルブシートの有効当たり幅を1.4mm、その中心部の直径を32mm、またバルブスプリングの取り付け荷重が25kgfであったとすると、面圧Pは、

$$P = \frac{25}{1.4 \times \sin 90°/2 \times \pi \times 32} = 0.25 \text{kgf/mm}^2$$

となる。この他に、傘部が受けたガス圧により発生する面圧が加わり、ガスシールを行う。θの値についてはいろいろ研究がなされてきたが、流量係数を大きく保ち、かつ異物かみ込みに対する抵抗性などの点から90°が一般的である。しかし、エンジン組立直後のシートとバルブとの当たりを改善するため、シートの方を90°、バルブの当たり面の頂角をこれより0.5～1°大きく設定する場合が多い。

バルブの冷却特性を改善し軽量化を図るには、コストは高くつくが図2-124のよう

図2-123 吸気バルブ(左)と排気バルブ(右)

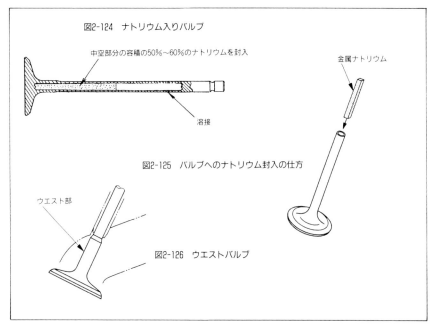

図2-124 ナトリウム入りバルブ
図2-125 バルブへのナトリウム封入の仕方
図2-126 ウエストバルブ

にステム部分を中空にして、その空間の50〜60%の体積の金属ナトリウムを封入する。その封入の仕方の例を図2-125に示す。ステムを分割しドリルで穴を開け、真空中で金属ナトリウムを入れ、溶接によってステムをつなげる。バルブの温度が上昇すると中の金属ナトリウムが溶融し、バルブの往復運動によってシェーカーのように激しくたたきつけられ、傘部の熱をステム部に強制的に伝え放熱させる。

高性能エンジンでは吸排気抵抗を少しでも少なくするため、図2-126のようにポート内に露出したステムがガスの流れを邪魔しないように、この部分を細くしたウエストバルブも使われる。

(2) バルブとアッパーリテーナーとの結合

この部分はバルブと一体となって動き、バルブスプリングの強大な力がすべてここに作用するため、とくに軽量で、強度が大でなければならない。また、バルブステム端部をつかむため、応力の集中を避けることが必要である。この部分には以前からいろいろなアイデアが出されたが、図2-121の構造が一般的である。バルブとスプリングの上部のシートであるアッパーリテーナーとの結合部分を拡大すると図2-127のようになる。スプリングを圧縮してリテーナーを少し下げておいて、バルブの

第2章　エンジンの構造および性能追求

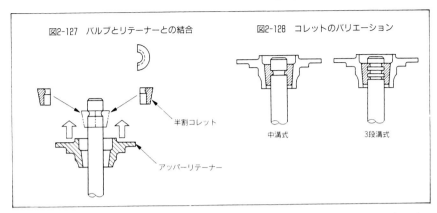

図2-127　バルブとリテーナーとの結合　　図2-128　コレットのバリエーション

溝に半割りコレット(コッターともいう)の突起部を入れ,リテーナーを元にもどすとテーパーにより,スプリング力と同一方向には剛となる。コレットのテーパーは1/3〜1/5くらいに設定する。テーパー角が小さいと,くさび効果が大きくなってバルブを抱く力は大きくなるが,リテーナーの下端が割れることがある。

図2-127はコレットの突起が上部にあるが,その他の例を図2-128に示す。コレットでバルブを抱くとき,コレットが互いに当たる寸法としてコレットの突起部だけでバルブと結合する方式,および溝には位置決めを主体とした機能を持たせ,テーパー部分のくさび効果で結合する方式とがある。前者は原理的にはコレットに対し,バルブは回転自在となる利点があるが,バルブの溝とコレットの突起部の根元に応力が集中しやすい。後者はバルブステム径が細い場合に多く用いられる。

材料はリテーナー,コレットともにスティールの冷間鍛造品が用いられるが,レーシングエンジン用のリテーナーにはチタン合金やジュラルミンが使用されることもある。

(3) バルブスプリング

バルブスプリングはバルブ,リテーナー,コレット,タペットやシム,さらにスプリング自身の重量により発生する慣性力に対応し,バルブを正常に作動させるバネ力を発生させる。材料はバネ用鋼でショットピーニングなどの表面処理を行い,疲労強度を向上させる。慣性力を発生させる重量 W はバルブと一緒に動くリテーナー(W_r),コレット(W_c),タペット(W_t)の重量とバルブスプリング(W_s)の重量の1/3の和である。すなわち $W = W_r + W_c + W_t + W_s/3$ である。また,ロッカーアーム式の場合はタペットとシムの重量の代わりに,ロッカーアームの慣性モーメント(I_r)と

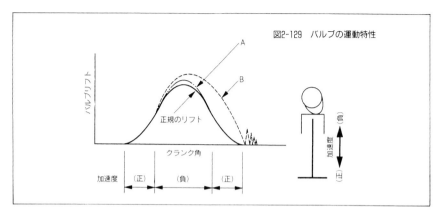

図2-129 バルブの運動特性

アームの長さ(r)との比I_r/rを用いる。

　要求されるバネ力は，バルブの閉じ方向の最大加速度をa_{max}として$a_{max}W/g$ kgf以上でなければならない。すなわち，Wが大きくなると大きなバネ力が必要になることがわかる。

　バルブの開閉運動特性は図2-129の実線で示すようなリフトカーブである。この特性は，すべてカムプロフィールにしたがってバルブが運動することによって得られる。しかし，バネ力が弱いとAのように正規のリフトカーブから離れてジャンプしたり，Bのようにバウンスを起こす。ジャンプはバルブがタペットを介してカムと激突することを意味し，バウンスはバルブの傘部がバルブシートに衝突することをいう。このバウンスではバルブが何度も弾むことが多く，ステム部が折損することもある。バルブの加速度は回転速度の二乗に比例して増大するため，エンジンがオーバーランしたときにはジャンプやバウンスが発生する。そこで，エンジンの最高

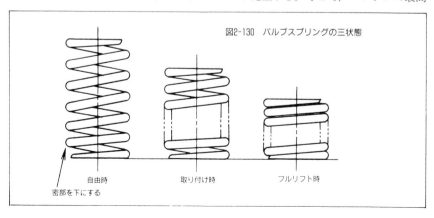

図2-130 バルブスプリングの三状態

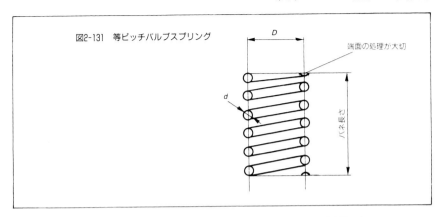

図2-131　等ピッチバルブスプリング

回転数の10～20%のオーバーランを見込んでバネ定数を決める必要がある。

　図2-130のように, 取り付け時の荷重は前項のようにバルブの着座面圧によって決まる。バネ定数はバルブリフト中の要求荷重から求める。一方, 等ピッチのコイルスプリングのバネ定数Kは図2-131のようにDを巻き径, dを素線径, 有効巻き数をNとすると,

$$K = \frac{Gd^4}{8D^3N}$$

となる。ここでGは素線の横弾性係数で, バネ鋼の場合8×10^3kgf/mm^{2}である。また, 素線にはねじれ応力τが働くが図2-132のように外側が大となり, その大きさは,

$$\tau = x\frac{Gd^4}{8KD^3} \text{ kgf/mm}^2$$

となる。xは応力修正係数で$a=D/d$として,

$$x = \frac{4a-1}{4a-4} + \frac{0.615}{a}$$

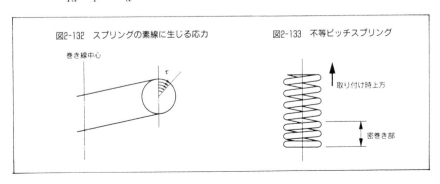

図2-132　スプリングの素線に生じる応力　　図2-133　不等ピッチスプリング

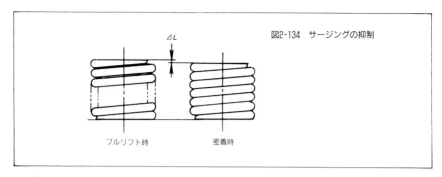

図2-134 サージングの抑制

で表わされる。

　スプリングは自重とバネ定数によって定まる固有振動数を有する。スプリングがバルブリフトカーブにしたがって圧縮と復元をくり返すと、その高調波成分によって加振され共振を起こすことがある。これがサージングである。サージングが発生すると所定のバネ定数が得られず、バルブは不整運動をする。

　これを低減する方法の一つとして図2-133のように巻きピッチを変化させることが有効である。圧縮され出すと密部が先に密着し、非線形のバネ定数となる。取り付け時にバネ定数の変化点として使うと、サージング発生時には密に巻いた部分が互いに接触したり離れたりして固有振動数が変化するので、サージングを軽減する効果がある。ここで素線径dを大きくし、巻き数Nを少なくするとスプリングの固有振動数は高くなるが、素線に発生する応力τが大きくなり、折損しやすくなる。そこで、バネ定数を確保しながらτを許容値以下に抑えることが必須になる。しかし、サージングは常に発生する危険性があるため、図2-121のようにダブルスプリング式にすることもある。一方のスプリングがサージングを起こしても、他方が所定のバネ定数を維持していれば影響は半減する。また、スプリングを二つに分け素線径を細くすることは、τを小さくすることにもなる。ダブルスプリングを使用する場合、巻き方向を互いに逆にして、からまないようにすることが必要である。

　しかし、これでもサージングを完全に避けることはできない。レーシングエンジン開発における筆者の経験では、図2-134のようにフルリフト時の長さを密着長に近づけ、その差ΔLを1mm以内とすることにより、サージングが起こると素線同士が当たってエネルギーを吸収する方式が有効であった。

(4)バルブオイルシール

　バルブステムとバルブガイドとの間には油膜の形成が必要だが、油量が多すぎる

第2章　エンジンの構造および性能追求

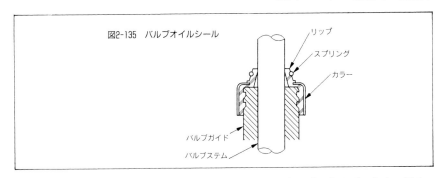

図2-135　バルブオイルシール

とオイル下がりを生じて，オイル消費が大となる。オイル下がりはポート内の圧力が低い吸気側が問題となる。また，排気側ももれたオイルは焼き捨てられるだけなので必要最低限の供給油量とする。そのため，ゴムのバルブステムオイルシールを使用する。以前のエンジンは単にバルブガイドだけであったので，オイル下がりが多かったが，図2-135のようなオイルシールが開発され，この問題は改善された。

シール部は高温での耐油性にすぐれたフッ素系のゴムが用いられる。リップの外周にはスプリングが取り付けられており，バルブの芯ずれや外径のバラツキへの追従性を高めるようになっている。また，油量の調整はリップ入口の角度によって行うのが一般的である。

(5) タペット

直動式の場合はタペットが必要である。プッシュロッド式のOHVエンジンの場合もタペットを用いるが，後に述べる理由で直動式の場合は径が大きい。タペットはバルブリフターとも呼ばれる。ロッカーアーム式のOHCの場合はカムとロッカーアームのカムフォロワーが接触し，他端でバルブを開閉する。これにくらべ直動式は

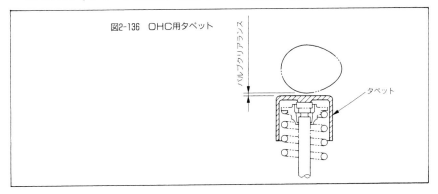

図2-136　OHC用タペット

137

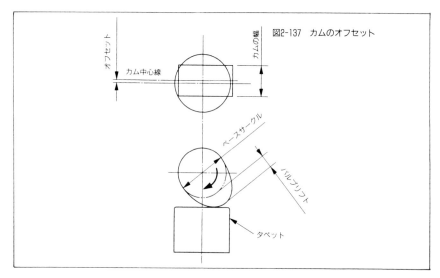
図2-137 カムのオフセット

　図2-136のようにカムとバルブとの間にはタペットの天井とシムしか介在しないため剛性が高く、バルブの運動性が優れている。タペットの胴部の直径はカムがタペットの頂面から外れないように大きくする必要がある。また、内側もスプリングと接触しないように設定するため、ここからも外径の制約が出てくる。図2-137に示すようにバルブリフトが大きくなると、外径も大きくしなければならない。ここで、カムのベースサークルを小さくすることも考えられるが、接触部の応力が過大となる危険性がある。

　また、カムの中心をタペットの中心から少しオフセットさせるとタペットが回転し、頂面の偏摩耗を避けることができる。この頂面の肉厚が薄すぎたり硬度が不足すると、変形や摩耗が発生し破損に至ることがある。一方、胴部はタペットが往復運動する際、傾いてヘッド側の摺動面をかじらないように長さを決める。材料は炭素鋼や特殊鋼を用い、頂面に焼き入れやタフトライドを施す。軽量化を図るため胴部を軽金属製としても、頂面にはスティールを用いるのが無難である。

　先にも説明したように、運転中の各部の熱膨張やシート面の摩耗などによるバルブのつき上げを防ぐため、バルブクリアランスを設ける。このクリアランスの調整はシムによって行う。シリンダーヘッドがアルミ合金製の場合は、温度が上がるとクリアランスは増大する方向にある。たとえば温間時のクリアランスは、冷間時より0.05mm程度大きくなる。また、冷間時のクリアランスは排気側を吸気側より大きく設定する。

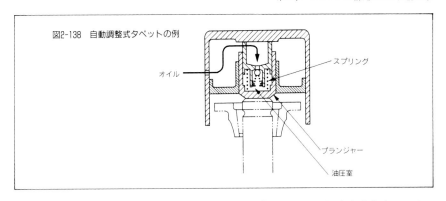

図2-138 自動調整式タペットの例

　バルブクリアランスがあるとカムがタペットに当たるとき，打音を発生する。また，バルブクリアランスの調整にはカムシャフトの脱着が必要になり手間がかかる。そこで，自動バルブ間隙調整機構（オートアジャスター）を組み込んだタペットが直動式にも用いられる。重量やコストの増大と，タペットまで給油通路を設けなければならないなどの問題は残るが，メリットが大きいため多く採用されている。その構造例を図2-138に示す。プランジャーは常にスプリングで押し出され，バルブクリアランスを0に保つ。また，プランジャーの裏側の油圧室にはエンジンオイルが満たされるようになっている。カムでタペットが押し下げられようとすると，油圧室のオイルが逆流しないように，一方向弁が閉じて油圧が発生する。プランジャーは非圧縮流体を介してタペットと一体となってバルブを駆動することになる。油圧式の調整機構の場合，バルブの着座中も若干，油圧によってプランジャーがバルブを開く方向に押すため，バルブスプリングの取り付け荷重はそれを見込んで設定する。

(6) カムシャフト

　カムシャフトはカムローブ部に大きな接触面圧を発生させながら摺動し，軸部にはバルブ駆動によるねじれおよび曲げモーメントが働く。カム部分は耐摩耗性に優れ，軸部には高い剛性が要求されるため，材料としては鋳鉄（鋼），特殊鋼，焼結合金が用いられる。この中で鋳鉄（鋼）製はタペットとのなじみが良く，カムローブをチルするだけで生産性も高く，多くのエンジンに採用されている（図2-139）。スティール製は軸部の剛性が高く，また軽量化を図れることが利点である。カムローブ部分は高周波焼き入れなどを施して耐摩耗性を向上させる。軸部をスティールのパイプ製とし，これに焼結合金製のカム部分を溶接やセレーションなどによって機械的に固定したものもあるが，軽量化の点では優れていても，コストと耐久・信頼性の

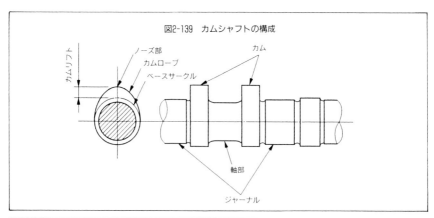

図2-139　カムシャフトの構成

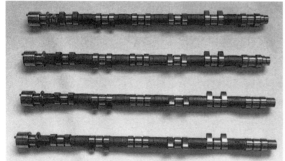

図2-140　4バルブ用カムシャフト

左が先端，二つのカムの中間にカムジャーナルがある。

面ではまだ問題が残る。

①バルブの作動特性

　バルブのリフト特性はエンジンの性能に大きな影響を与える。その作動特性はカムローブ部のプロフィールで与えられる。図2-141はクランク角に対する排気および吸気バルブのリフト状態を示す。図2-142はリフトとは無関係にカムがバルブを開閉するタイミングを表わしたもので，バルブタイミングダイアグラムと呼ばれている。

　気体の慣性による出遅れを見越して，排気バルブはピストンが下死点に到達するかなり前から開き出す。そのため，まだ膨張途中の作動ガスを排出しブローダウン損失を招くが，出力のためにはやむを得ない犠牲である。次に上死点を過ぎたところで排気バルブは閉じるが，上死点より少し手前で吸気バルブは開き出す。この吸排気バルブが同時に開いている期間をバルブオーバーラップといい，この間に排気ポートに一瞬生ずる負圧によって新気を引き込み，燃焼室内の残留ガスを掃気（スキャベンジ）する。しかし，排気ポートに負圧が生じないような運転条件では排気が逆

第2章　エンジンの構造および性能追求

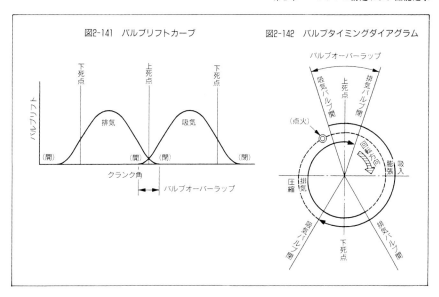

流して残留ガスが増え，エンジンの安定度が低下する。

　このバルブオーバーラップは高速エンジンほど大きく設定し，回転数の高いところで十分な掃気ができるようにしてある。したがって，オーバーラップが大きいとアイドリングや低速時にはラフな回転となる。また，吸気バルブは下死点をかなり過ぎたところで閉じるが，これは新気が，慣性によってピストンが上昇に移っても，まだ流入を続けようとするからである。この流入速度が0となったところで，ちょうど吸気バルブが閉じるようなエンジン回転数で，最大の慣性効果が得られる。

　バルブタイミングはエンジンの性格付けに重要な役割を果たすので，エンジンの基本コンセプトをまとめるときに検討すべき項目である。このタイミングを表わす指標であるカム作動角と取り付け角について図2-143で説明する。この図は吸気バルブの開閉を例にとったものであり，図2-142の吸入行程と同じである。

　カム作動角（バルブ作動角）とは，バルブが開いている期間をクランク角度で表わしたものである。また，カム角度で表わすと，この1/2になる。さらに対称カムの場合はこの1/2の値で表わすこともある。たとえば，図の$\theta_1=16°$，$\theta_2=40°$とすれば作動角は$16°+180°+40°=236°$であり，カム角度で表わすと$236°/2=118°$となる。対称カムでは$118°/2=59$，すなわち59カムと呼ぶこともある。

　次にカムシャフトをエンジンに組み付ける際，その取り付け角が重要になる。バルブが最大リフトを取る点を上死点後（排気の場合は上死点前）何度と決めておく。

141

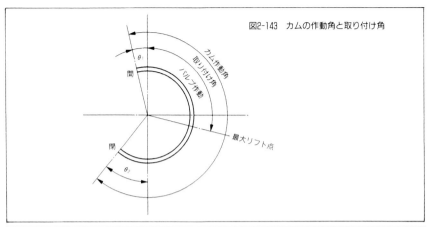

図2-143 カムの作動角と取り付け角

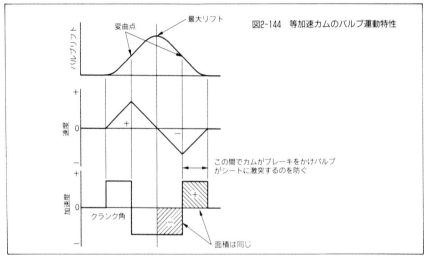

図2-144 等加速カムのバルブ運動特性

　バルブタイミングをチェックする場合は，タペットの動きをダイアルゲージで監視しながらリフトが最大になったところのクランク角を求め，これが所定の取り付け角と一致するかを確かめればよい。

　バルブスプリングのところで説明したように，バルブの運動によって発生する慣性力はバルブ作動の精度に大きな影響を与える。図2-144は等加速度カムの作動特性である。説明を簡単にするために緩衝部分を省略し，バルブがリフトを取り始めてから閉じるまでのバルブ加速度，速度およびリフトを示す。ここで，バルブ加速度と速度はバルブが開く方向を正としている。したがって，負の加速度，すなわち閉

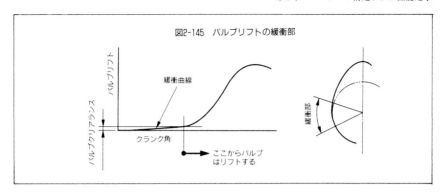

図2-145 バルブリフトの緩衝部

じる方向の加速度はバルブスプリングによって発生するが，この大きさはバルブスプリングの強さによって支配される。バルブの加速度を積分すればバルブの動く速度となり，これをさらにもう一度積分すればバルブリフトとなる。これらの特性はすべてカムプロフィールにしたがって，発生するカム面圧と慣性力およびスプリング力とのバランスによって得られる。

カムがタペットやロッカーアームのフォロワーに激突しないように，緩衝部分を設ける必要がある。そのために，図2-145の左側のようにバルブがリフトを取り始める直前に，ゆるい勾配をつけ，バルブクリアランスがなくなったところで，タペットがカムに滑らかに押されるようになっている。これに対応するカムのプロフィールは，図の右側のようにベースサークルからわずかに立ち上がった部分である。また，バルブが閉じるところでもタペットを緩衝曲線に乗せ，バルブがバルブシートと激突するのを防いでいる。

次にバルブの加速度特性の改良について述べる。バルブの閉じ方向の力はバルブスプリングによって得られるので，この力を大きくするためにはスプリングの素線に発生する応力の増大などのはね返りを伴う。図2-146のⒶは，カムでバルブを開くときとバルブ着座前のブレーキ力を発生させる部分の加速度を大きくし，その分，負の加速度が生ずる時間を長くしている。これによって，負の加速度の絶対値を小さくできる。また，Ⓑはバルブの加速度を正から負に急に変化させず，一定の傾斜をもたせるようにした例である。これは，強く押していた力が急に開放されるときに，カムシャフトに発生するねじれ振動の加振力やバルブの不整運動を少しでも減らす手法である。図は中心の前後で5段に折れた加速度特性となっているが，7段折れなどさらに多段にしたものも多い。

この考えをさらに進めると図2-147のように，バルブの加速度特性を多項式(ポリ

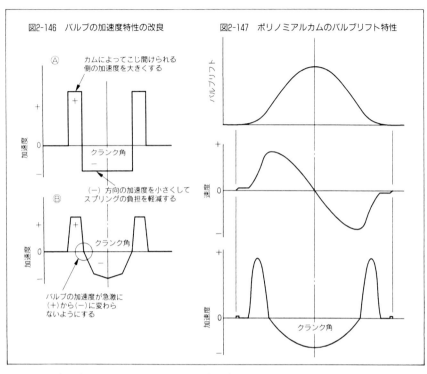

図2-146 バルブの加速度特性の改良

図2-147 ポリノミアルカムのバルブリフト特性

ノミアル)にすることに行きつく。加速度の変化が不連続ではなく滑らかにつながっている。したがって，力が連続的に変化するため，加振力が低減する。エンジンの高速化に伴い，以前はレーシングエンジンで使われていたポリノミアルカムも実用エンジンに採用されるようになった。

②カムシャフトの強度

強度には，摩耗や破壊に関するものと，弾性変形によってバルブの運動特性に影響を与えるものとがある。まず，カムローブの摩耗について述べる。

カムの面圧は，アイドリングから最高回転数までの最大値を検討する必要がある。また，このカムとタペット間の面圧は，バルブのリフト中にも刻々変化する。とくにアイドリング時には，カムノーズ部はスプリングの最大荷重をほとんど慣性力によるキャンセルなしに受けることになる。したがって，アイドリング中の摩耗には十分注意を払う必要がある。この面圧は動弁重量，カムとタペットのヤング率，ポアソン比，カムのベースサークル，カムの接触幅，回転速度などによって決まる。これが許容値以上のときにはカムプロフィールをゆるやかにしたり，ベースサーク

第2章　エンジンの構造および性能追求

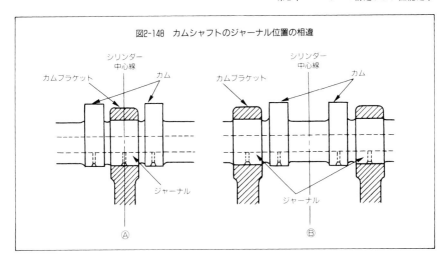

図2-148　カムシャフトのジャーナル位置の相違

ルやカムの幅を大きくする。それでも満足できない場合は，バルブリフトを減ずることになる。また，この面圧とカムとロッカーアームのフォロワーやタペットとのすべり速度との積，PV値も許容値以内に収めるようにする。

　次にカムシャフトの曲げとねじれ変形について説明する。カムシャフトの曲げ変形は，カムシャフトの支持位置によって変化する。図2-148においてⒶは一つのシリンダーの中心，すなわち二つのカムの中間で支持するために曲がりにくい。しかし，Ⓑはシリンダーとシリンダーの中間で支えるため，カムシャフトに発生するモーメントが大きくなり，曲がりやすい。しかし，ジャーナル配置やタペットホールとカムベアリングとの関係などから，Ⓐの方が設計は難しくなる。

　カムシャフトには図2-149に示すようにバルブの開閉により交番荷重が作用し，図2-150のようにねじれ振動を発生させる要因が常につきまとう。ねじれ振動が起こる

図2-149　カムシャフトに作用する交番荷重

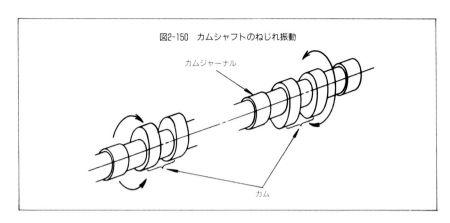

図2-150 カムシャフトのねじれ振動

と通常のカム回転速度に振動による速度が加わるため，バルブの加速度も変化する。ときには10％以上も大きくなることがある。これによってバルブが不整運動をする危険性があるので，重量へのはね返りを考慮しながら軸径を確保し，ねじれ剛性を高く設定しておく。

③動弁系の潤滑

　カムジャーナルは，クランクジャーナルやクランクピンにくらべPV値（面圧×周速の値）がはるかに小さいため，潤滑はそれほど大変ではない。むしろ，カムとタペットとの当たり面の潤滑に気を使う必要がある。一方，前に説明したように，シリンダーヘッド部分にあまり多量に給油を行うとオイル下がりの原因となるので，必要最小限としなければならない。そのため，シリンダーブロックからヘッドに上がるオイル通路にオリフィスを入れて油量を調節することもある。また，ヘッドのアッパーデッキ上にオイルが溜まらないように，クランクケースに通ずる十分な断面

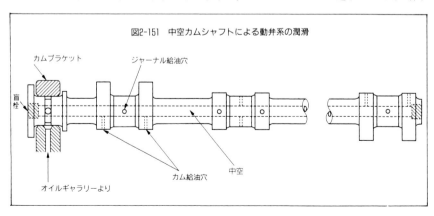

図2-151 中空カムシャフトによる動弁系の潤滑

積のブローバイ通路を設けておくことが必要である。

図2-151にはカムシャフトを中空にし，軽量化を図ると同時にそこをオイル通路に利用した例を示す。オイルポンプから圧送されたオイルがジャーナル部のオイル穴からカムシャフト内に供給され，中空部を通って他のジャーナルやカムとタペットの当たり面を潤滑するようになっている。また，タペットの摺動部は自然給油で十分である。この他にヘッド上にパイプを通してオイルを供給するなど，多くの潤滑方法がある。しかし，バルブ間隙自動調節用のオイルタペットを採用した場合は，各タペットホールへ直接圧力のかかったオイルを分配することが必要になる。

(7)カムシャフトの駆動

カムシャフトはクランクシャフトの回転数の1/2の回転速度で回転させることになるので，動力伝達中に必ず減速が行われる。また，回転を同期させるため，チェーンや歯付きベルト（コグベルト）が多く用いられる。本格的なレーシングエンジンの場合は信頼性の点からギアを使用するが，ギアのかみ合い音とコストが問題となり，実用車にはほとんど使われていない。かつて，サイドバルブ式やOHVエンジンで，一段で減速可能な場合にはギアが多く用いられたことがあった。

タイミングチェーンとしては図2-152のようなローラーチェーンが多く用いられる。伝達能力が大きく，チェーンの幅を狭くでき，エンジンの全長短縮が可能である。しかし，摩耗や伸びによる騒音の増大と，重いことから伝達速度に限界がある。回転数が所定の値を越えると，ローラーとブッシュの疲労破壊が発生し，さらに回転数が上がるとピンとブッシュが焼き付きを起こすようになる。チェーンの耐久性は，これらの不具合が起こる以前に発生するリンクプレートの疲労破壊で決まる

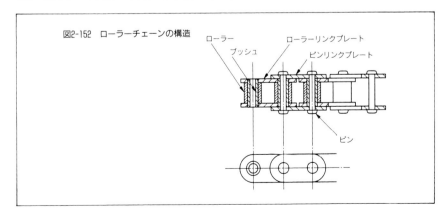

図2-152　ローラーチェーンの構造

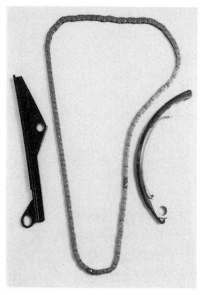

図2-153 ローラーチェーンとチェーンガイド

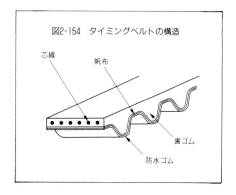

図2-154 タイミングベルトの構造

のが一般的である。以前はダブルのローラーチェーンの例が多かったが，最近はシングルチェーンが多く使われる。また，サイレントチェーンも採用されている。エンジン用のチェーンは一般動力伝達用より高い寸法精度が要求される。蛇足であるが，リンク数が偶数でないと特殊なリンクプレートを用い，つじつまを合わせることになる。

　一方，歯付きベルトの場合，歯形は丸や台形のものを用いる。また，歯のピッチは8 mmや3/8インチのものが多い。構造の例を図2-154に示す。チェーンにくらべ静粛で軽量であるが，油や水の付着に弱く，異物のかみ込みや熱害にも十分注意を払った設計が必要になる。過大な歯元せん断応力による歯欠けや，屈曲疲労による芯線の切断が主な破壊モードである。歯元に発生するせん断応力は，カムシャフト駆動に必要な張力とベルト幅およびプーリーとのかみ合い歯数などから決まる。

　タイミングチェーンやベルトのバタツキは，バルブタイミングに影響を与えるだけでなく，致命的なエンジンの破損を招く。これらが切断したり，タイミングベルトの目飛びが起こるとピストンとバルブが干渉し，エンジンブローに至ることがある。チェーンやベルトのテンショナーやチェーンガイドにはいろいろな形式のものがあり，エンジン固有のものが用いられる。たとえばテンショナーの張力調整機構にスプリング，油圧，ラチェットあるいはこれらの組み合わせなどが使われている。

第2章　エンジンの構造および性能追求

(8)ロッカーアーム式のバルブ駆動

　ここまでは直動式のバルブメカニズムを中心に述べたが，ロッカーアーム式について簡単に触れておくことにする。ロッカーアームでバルブを駆動する場合，図2-155のように揺動の支点をカムとバルブの中間に設ける方式Ⓐと外側に置く方式Ⓑとがある。この支点としてはピボットやロッカーシャフトを用いるのが一般的であるが，とくにピボット式の場合，この部分にバルブ間隙自動調整溝（ゼロラッシュアジャスター）を組み込みやすい。また，ロッカーアームのカムフォロワー部にスリッパー形の摺動部子やローラーを用いる。後者はフリクションが小さく耐摩耗性に優れているが，コストや騒音面などにまだ問題が残る。

　ロッカーアーム式は直動式にくらべ，タペットチャンバーが不要で，シリンダーヘッドのアッパーデッキより上部が簡単になり，またバルブクリアランスの調整が容易である。さらにロッカーアーム比を1より大きく設定することで，カムリフトを小さくすることができるなどの利点がある。ロッカーアームの材料としては鋼，鋳鉄，アルミ合金などが一般的であり，アーム部の断面形状をⅠ形やT形として軽量化を図りながら剛性を確保する。直動式の場合は，タペットやシムの重量がそのまま往復重量となるが，ロッカーアーム式の場合は，ロッカーアームの支点周りの回転モーメントが問題になる。したがって，支点から離れた部分の重量をできるだけ小さくしておくことが大切である。

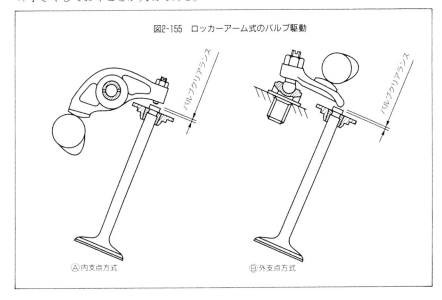

図2-155　ロッカーアーム式のバルブ駆動

Ⓐ内支点方式　　Ⓑ外支点方式

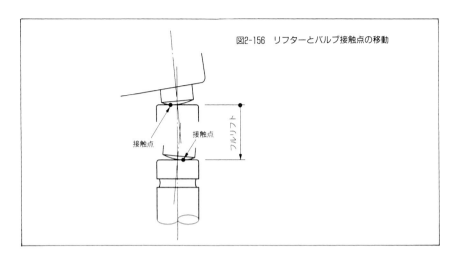

図2-156 リフターとバルブ接触点の移動

ロッカーアームでバルブを作動させるとき，図2-156のようにバルブステム端をこじり，バルブに曲げモーメントを発生させる。しかし，このロッカーアーム先端部（アジャストスクリュー，リフターを介しバルブを開く場合も同じ）とバルブステム端との接触点が移動することは，ピッチング摩耗を防ぐのに有利である。なお，厳密には互いに弾性変形があるため，図に示す接触点はわずかながら面積を有することになる。また，この部分およびカムとフォロワー部への給油の仕方には気を配る必要がある。

2-4. 吸排気系

エンジンは作動ガスに熱エネルギーを供給し，その膨張により仕事をする。内燃機関はオープンサイクルであり，吸入した空気は燃料を燃やし作動ガスとしての役目を終えるとテールパイプから排出される。残留ガスやEGR（排気還流）として，再度シリンダーに吸入された排気も最後には大気中に放出される。

エンジンの本体構造として吸排気系を考える場合，対象となるのはスロットルから排気マニホールドまでであり，それらの前後は車両部品としての性格が大きい。しかし，スロットルより上流に装着されるエアフロメーターと排気マニホールドもしくはその直後に取り付けられる空燃比センサーまたはO_2センサーは，エンジン制御系の部品として取り扱う。

第2章　エンジンの構造および性能追求

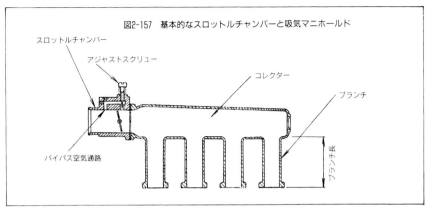

図2-157　基本的なスロットルチャンバーと吸気マニホールド

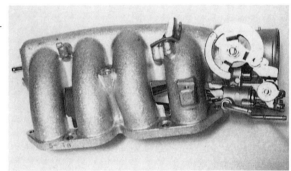

図2-158　吸気マニホールドと
　　　　スロットルチャンバー

(1)吸気系

　電子制御式燃料噴射装置を装着したエンジンの場合，本体構造に含まれる吸気系は図2-157のようにスロットルチャンバーとインテークマニホールドで構成される。これらにより，出力のコントロールとコレクターやブランチ長の諸元を適切に選ぶことでトルク特性の味付けを行う。

　スロットルチャンバーには，吸入空気量を調整するスロットルバルブとバイパス空気量の調節機構が内蔵されている。燃料カット信号の一つにスロットルの全閉状態の検出があるため，スロットル開度を変化させてアイドリング回転数やエアコン使用時のファーストアイドルを調節しない場合が多い。その代わりに，バイパス空気量を制御して所定の回転数を得るのが一般的である。この場合，図2-157のアジャストスクリューの機能を電磁弁やステップモーターで作動するバルブで行わせ，コントロールユニットからの制御信号で作動させる。

151

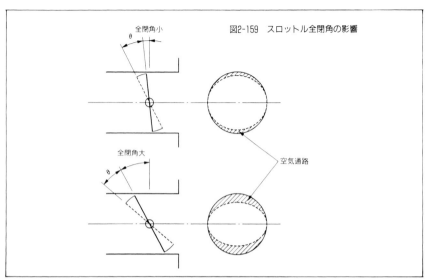

図2-159 スロットル全閉角の影響

図2-160 スロットルチャンバーアッセンブリー

　スロットルバルブの径はエンジン出力の制御のしやすさの点からは小さい方が良く，一方，出力性能的には大きくした方が有利である。そこで，必要最小限のスロットルバルブ径を選定することになる。アクセルを少し踏んだだけで大きなトルク変化が起こると運転性が悪くなるため，スロットルバルブ径とともにスロットルの全閉角が問題となる。図2-159のように全閉角が小さいと，スロットルの開き始めの空気通路面積の変化が小さく，アクセル操作が容易となる。しかし，全閉角が大きいと，同じスロットル開度(図のθ)でも空気通路面積は大きくなり，トルクが急激に増大する。いずれにせよ，エンジン回転数が低い場合にはエンジンのトルクはスロ

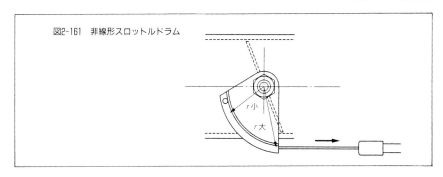

図2-161 非線形スロットルドラム

ットル開度に敏感に反応するから，非線形のスロットルドラム(図2-161)やリンクを用い，開き初めの開度変化を小さくすることもある。また，スロットルバルブを二つ用い，最初は小さい方のスロットルを開き，高速・高負荷時には両方を開いて出力を確保するデュアルスロットル式もある。シリンダ一数にくらべ排気量が大きいエンジンに採用される場合が多い。

スロットルチャンバーの本体はアルミ合金製であるが，レーシングエンジンではマグネシウム合金鋳物を用いることもある。また，スロットルシャフトの軸受部には焼結合金のブッシュを圧入したり，ボールベアリングを用い，耐摩耗性の向上と円滑な操作フィーリングを得るようにする。軸受部からの空気もれを防ぎ，ダストの侵入を防ぐために，シールを装着することもある。ここで注意すべき点は，スロットルバルブとチャンバーの熱膨張差による作動の不具合いを避けるようにすることである。

6シリンダー以上の多気筒エンジンではコレクターを二つに分け，それぞれにスロットルチャンバーを設けることもある。また，レスポンスを重視した高出力エンジンでは，図2-162のようにインテークマニホールドの各ブランチにスロットルバル

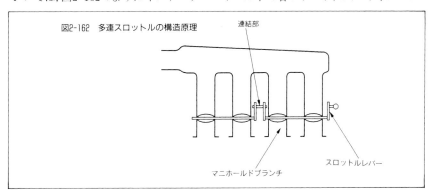

図2-162 多連スロットルの構造原理

ブを配置することもある。この場合スロットルシャフトを分割し連結部を設け，シャフトのアライメントの狂いによるシブリを防ぐようにする。さらに，スロットルバルブ全開時の吸気抵抗を減らすために，バタフライバルブの代わりにスライドバルブを用いることもあるが，これは超高性能のレーシングエンジンに限られているので，ここでは省略する。

　吸気マニホールドはコレクター部とブランチ部で構成されており，バルブタイミングとの相乗効果でトルク特性を改善する重要な部品である。また，電子制御式燃料噴射により各シリンダーごとに燃料が正確に供給されていても，空気の分配にバラツキが生じると，気筒間の空燃比にもバラツキが発生することになる。したがって，吸気マニホールドに要求される性能の一つに，正確な空気の分配がある。さらに空気とともに各シリンダーに吸入されるブローバイやEGRガスの分配にも偏りがないようにすることが必要である。

　第1章で詳しく説明したように，エンジンの出力ポテンシャルは吸入空気の重量によって決まるため，まず流路抵抗は小さくなくてはならない。しかし，コレクターやブランチは太くて短ければ良いというものではない。それは動的な現象を利用してトルク特性に味付けができるからである。

　この動的な現象を慣性効果と呼び，その発生メカニズムは次のように説明される。吸気バルブが開き，ピストンが下降し出すとシリンダー内に負圧が発生し，この情報は音速で吸気系の上流へと伝わっていく。そして，新気は吸気バルブのカーテンエリア（開口部）を通ってシリンダーに流入するが，その勢いはピストンの下降速度とともに増大する。一方，気体には重量があり，可圧縮性である。そのため，ピストン速度が低下して，ついには下死点を過ぎて上昇に移っても，新気は慣性のためシリンダーに流入し続けるのである。さらに，逆流し出す瞬間に吸気バルブが閉じれば100%以上の体積効率を得ることが可能で，これによりトルクは増大する。このように新気の助走区間としてのコレクターやブランチ部およびシリンダーヘッド中の吸気ポートが吸入効率特性に大きな影響を与える。慣性効果の他に音響理論にもとづく脈動現象を取り上げる人もいるが，音圧のレベルであり，ここでは慣性効果だけを説明した。

　図2-163はブランチの長さの確保と車両搭載性を両立させるため，ブランチ部をUターンさせた吸気マニホールドの例である。形状が複雑になるため二分割して鋳造し，機械加工後ボルトにより締結して一体化している。吸気マニホールドにはアルミ合金鋳物が用いられ，鋳造性の向上はコストダウンの他にポート内面の平滑化や

第2章　エンジンの構造および性能追求

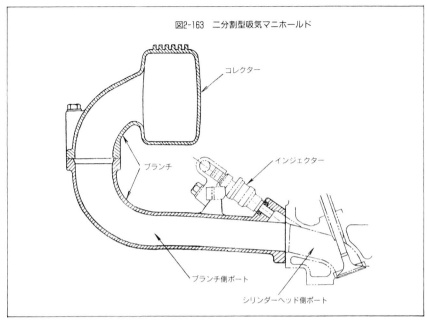

図2-163　二分割型吸気マニホールド

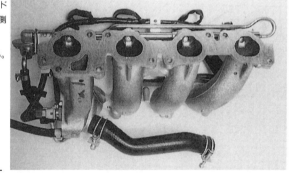

図2-164　二分割型吸気マニホールド
　　　　　のシリンダーヘッド側

ポートの中にインジェクターが見える。

偏肉の防止など性能上のメリットも大きい。
　スロットルが全開であっても，エンジン回転数によって吸入効率は変化する。その状態を図2-165に示す。これはトルクにピークが二つある場合であるが，低速側のピークはコレクター，高速側のピークはブランチおよびヘッド内のポートによるものである。ブランチの長さを長くし，吸気バルブの閉じ角(下死点を過ぎ吸気バルブが閉じるまでのクランク角度)を小さくすると，点線のように慣性効果が現われるエンジン回転数は低くなる。また，これと同時にピークの山は高くなるが，高速での

155

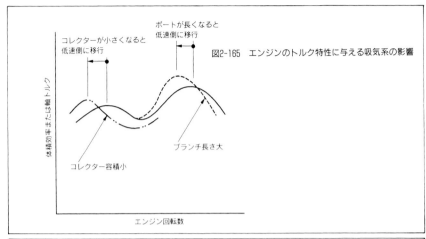

図2-165 エンジンのトルク特性に与える吸気系の影響

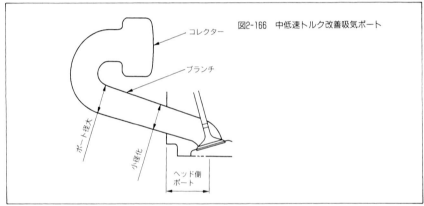

図2-166 中低速トルク改善吸気ポート

伸びは犠牲となる。一方，コレクターによるピークは低速側に存在する。コレクターの胴部を細くしたり，容積を減らすと，さらに低速型となる。レーシングエンジンのように回転レンジが15000rpmぐらいまでをカバーするものにおいては，慣性効果が得られる回転数が多く存在することがある。コレクターがなくても，ブランチ部だけで三つ子山やそれ以上のピークを得ることができる。

　これまでブランチの長さの影響について述べてきたが，ブランチやヘッド内のポートを細くすると，慣性効果が得られるエンジン回転数は低くなる。また，図2-166のようにポートを上流から下流にかけて徐々に細くすると，中低速時のトルク特性を改善することができる。また，コレクターの容積が大きくなると，アクセルを急に踏み込んだときのレスポンスが悪くなる。これはコレクター内の絶対圧が上昇す

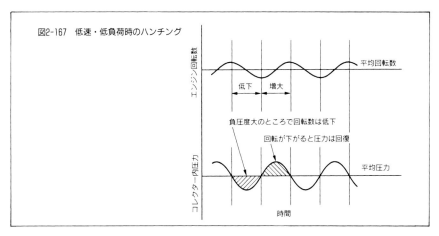

図2-167 低速・低負荷時のハンチング

るまでに時間を要するからである。また，コレクターの容積を大きくすると，アイドリングや極低速時のエンジン回転のハンチングを起こす危険性がある。

スロットル開度が小さく，コレクター内の負圧が十分に発達していると，すなわちスロットル上流と下流との圧力差が臨界圧以上になると，スロットルで絞られた部分の空気の流速は音速に達し，それ以上には増大しない。そうなると，コレクターに流入できる空気の重量流量は一定となる。ここで，微細なスロットルの動きなど何らかの要因が引き金となってわずかに回転が上昇したりすると，コレクター内の負圧度が増大し，1サイクルにシリンダーに吸入する空気量が少なくなり力が出なくなるため，図2-167のようにエンジン回転は低下する。エンジン回転が低下すると，コレクター内の絶対圧が増大し，エンジンを回転させようとする力が大きくなって回転数は上昇する。これをくり返すのがハンチングである。ここでコレクターの容積が大きいと周期が長くなり，ハンチングの幅も大きくなる。

基本的な技術とはいえないが，コレクターやブランチ部に可変要素を組み込んだ例を紹介しておく。コレクターによる慣性過給が得られるエンジン回転の領域を広げるため，コレクターを二つ用い，これを連通させたり独立させたりすることにより動的な容積を変化させる。図2-168にその一例を示す。また，低速時にシリンダー内にスワールを発生させ，燃焼を改善させるため，図2-169のようにマニホールドのブランチ内にスワールコントロールバルブを装着することもある。スワールが不要な運転領域では，このバルブを開けば吸気抵抗が減り，通常の4バルブエンジンと同じになる。しかし，シリンダー中で燃料に偏りが生じ点火プラグ近傍に濃い混合気が形成されないと，かえって燃焼が悪化するので注意を要する。

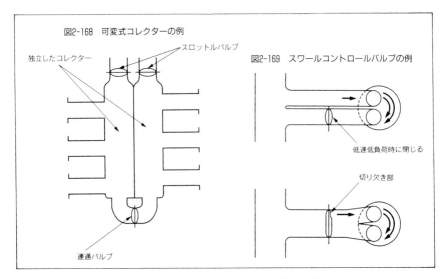

図2-168 可変式コレクターの例

図2-169 スワールコントロールバルブの例

次に，コレクター中を流れる空気の様子を流体力学的に考察してみる。エンジンを理解するためには機械工学で使う4大力学のすべてが必要であると先に述べたが，流体力学はそのうちの一つである。コレクター中の空気を非定常の圧縮性非粘性流とした場合，この流れに対し，気体の状態方程式，質量保存の法則，運動量保存の法則およびエネルギー保存の法則が成り立つ。すなわち，

気体の状態方程式　　　$\dfrac{p}{\rho} = RT = (k-1)E'$

質量保存の法則　　　$\dfrac{\partial \rho}{\partial t} + u\dfrac{\partial \rho}{\partial x} + v\dfrac{\partial \rho}{\partial r} = 0$

運動量保存の法則　　　$\dfrac{\partial u}{\partial t} + u\dfrac{\partial u}{\partial x} + v\dfrac{\partial u}{\partial r} + \dfrac{1}{\rho}\cdot\dfrac{\partial p}{\partial x} = 0$

$\dfrac{\partial v}{\partial t} + u\dfrac{\partial v}{\partial x} + v\dfrac{\partial v}{\partial r} + \dfrac{1}{\rho}\cdot\dfrac{\partial p}{\partial r} = 0$

エネルギー保存の法則　$\dfrac{\partial E}{\partial t} + u\dfrac{\partial E}{\partial x} + v\dfrac{\partial E}{\partial r} + \dfrac{p}{\rho}\cdot\dfrac{\partial u}{\partial x} + \dfrac{p}{\rho}\cdot\dfrac{\partial v}{\partial r} = 0$

ここでp：圧力，ρ：密度，k：比熱比，T：温度，R：気体定数，u：x方向の速度，v：r方向の速度，E'：内部エネルギー$=CvT$，E：全エネルギー$=CpT+\dfrac{1}{2}(u^2+v^2)$，$Cv$：定容比熱，$Cp$：定圧比熱である。

上記の偏微分方程式をコンピューターを使って解くわけだが，例としてレーシン

第2章　エンジンの構造および性能追求

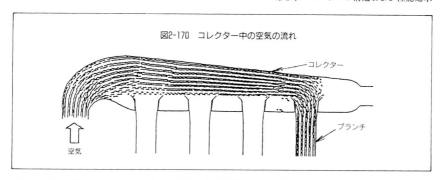

図2-170　コレクター中の空気の流れ

グエンジン用のコレクター中の流線を求め図2-170に示す。いちばん後方のシリンダーが吸気中であるが、無駄な逆流や渦はほとんど見当らない。また、これらの式はシリンダー内や排気マニホールド中の流れの解析にも適用できる。

(2)排気系

　排気マニホールドは排気ポートから吐出する排気を集め、フロントチューブあるいはマニホールドに直付きの触媒へ導く。排気の排出が悪いと残留ガスが増え、吸入効率を低下させるとともに、燃焼の悪化を招く。したがって、排気抵抗を小さくすると同時に、他のシリンダーからの排気との干渉を避けることが必要である。さらにイジェクター効果や慣性排気を用い、バルブオーバーラップ中の掃気を積極的に行うことにより、トルク特性を改善することができる。

　鋳鉄製の排気マニホールドが一般的であるが、高性能エンジンには軽量化と内面の平滑化のためにステンレスの鈑金製が用いられることもある。図2-171は鋳鉄製の

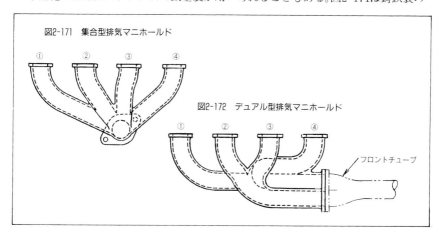

図2-171　集合型排気マニホールド

図2-172　デュアル型排気マニホールド

159

集合タイプあるいはシングルタイプと呼ばれるもので，軽量で表面積が小さく，触媒入口の排気温度を高く保つことができるなどの利点があるが，排気干渉が問題となることがある。一方，図2-172はデュアルタイプと称されるもので排気干渉を避け，高出力を得るのに適している。4シリンダーエンジンの場合，点火順序は①-③-④-②であるので，①と④，②と③をまとめれば互いに排気が連続して吐出されることはない。すなわち，時間的に等間隔の排気となる。ここで分岐管①，④にくらべ②，③が短くなりがちなので，できるだけ等長になるよう設計技術でカバーすることが大切である。フロントチューブで全シリンダーからの排気をひとまとめにし，触媒へと導く。

　次に直列6シリンダーエンジンの場合は点火順序が①-⑤-③-⑥-②-④となるので，図2-174のように①，②，③と④，⑤，⑥をまとめれば，前後それぞれ交互に排気が吐出されることになる。また，V6の場合は左右各バンクの3シリンダーずつをまとめればよい。6シリンダーにくらべ5シリンダーエンジンでは，排気マニホー

図2-173　鋳鉄製のデュアル型
　　　　排気マニホールド

集合部にO₂センサーが取り付けられている。

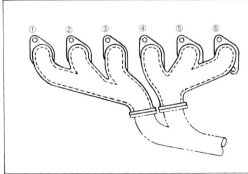

図2-174　6シリンダー用排気マニホールド

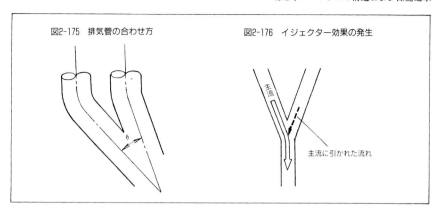

図2-175 排気管の合わせ方　　図2-176 イジェクター効果の発生

ルドの設計は難しくなる。点火順序は①-②-③-⑤-④となるため、排気干渉を避けるのが難しい。

　排気マニホールドやフロントチューブの集合部では、管内を流れてきた排気がその勢いで他の管に流れ込んだりしないようにすることが大切である。図2-175のようにできる限り中心線の交わる角度θが立体角で40°以下にするのが望ましい。また、θが小さいと図2-176に示すようにイジェクター効果を発生させることができる。一つのシリンダーからのブローダウンで他のシリンダーの排気ポートから残った排気を引っ張り出すことも可能になる。このとき、バルブオーバーラップと同調すれば掃気が改善される。排気の慣性効果は、排気が勢いよく吐出されると、その慣性により一瞬排圧が低下する現象で、吸気の慣性効果と原理は同じである。排気が大気に開放される自由端や集合部からあたかも負圧の波がもどってくるような圧力変動現象である。

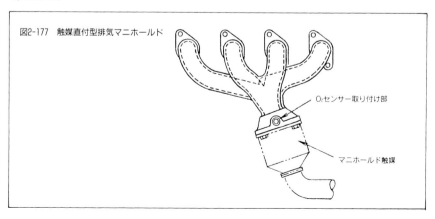

図2-177 触媒直付型排気マニホールド

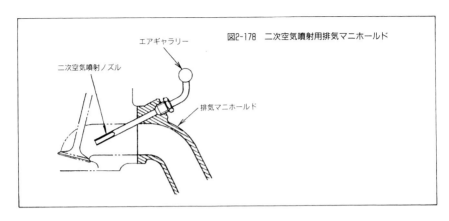

図2-178 二次空気噴射用排気マニホールド

　図2-177は比較的高温に耐える触媒を，排気マニホールドに直付けする場合のデュアル式の排気マニホールドである。三元触媒を用いる場合は，空燃比のフィードバック制御のためにO_2センサーが必要になる。また，リーンエンジンでも空燃比センサーの装着が必須となってきた。これらのセンサーは触媒の上流に配置する必要があり，排気マニホールドに取り付け用ボスを設けることが多い。また，最近では少なくなったが，もし排気マニホールドに排気系でのHC，COの酸化を促進するための二次空気を噴射する場合は，できるだけ排気ポートに近い部分に空気噴射ノズル取り付け部を配設する。その例を図2-178に示す。

第3章 エンジンのサブシステム

　エンジンの本体構造系が出力を発生させるメカニズムであるのに対し，各サブシステムは本体構造系のもつポテンシャルを発揮させるための支援システムである。本章では六つのサブシステムについて述べるが，自動車用エンジンを支える車両部品としての性格が強い。

3-1. エンジン制御システム

　電子制御式燃料噴射システムが本格的にエンジンに採用されだした1977年頃から数年間は，空燃比制御のみであった。しかし，その後，点火時期と排気対策システムの制御，さらには自動変速機のシフトスケジュールやトラクションコントロールなどを一括して一つのコントロールユニットからの信号で行うようになった。すなわち，エンジン制御システムから車両の総合制御システムへと発展を遂げてきている。ここでは，エンジンと一緒に考えるべき排気対策システムの電子制御システムについて述べるが，対比するためそれ以前の機械式の制御方式について簡単に触れておく。

　電子制御技術がエンジンに適用される以前は，表3-1に示すように空燃比や点火時期，排気対策システムが必須になってからはEGR制御をメカニカルに行っていた。

表3-1 メカニカル方式のエンジンおよび排気対策システムの制御

制御項目	検 出 要 素	制 御 手 段	調整または補正手段
空燃比	吸入空気量	ベンチュリー負圧	メインジェット，メインエアブリード スロージェット，スローエアブリード アイドルアジャストスクリュー
	スロットルの動き	加速ポンプ	プランジャーのストローク
点火時期	エンジン回転数 エンジンの負荷	遠心ガバナー スロットル近傍負圧	ガバナースプリングの強さ ダイアフラムスプリングの強さ
EGR	エンジン運転状態	(VC式)*　　スロットル近傍負圧 (BPT式)**　排気圧力 (VVT式)***ベンチュリー負圧	EGRオリフィス径 冷間時および高速時の信号カット VCホールの位置

＊Vacuum Control　＊＊Back Pressure Transducer　＊＊＊Venturi Vacuum Transducer

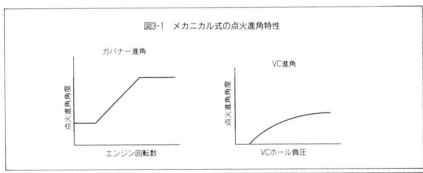

図3-1 メカニカル式の点火進角特性

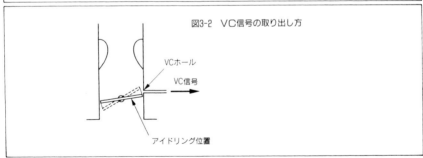

図3-2 VC信号の取り出し方

ここで，気化器については固定ベンチュリー式の例としたが，SU気化器で代表される可変ベンチュリー式の場合は針弁（ニードル）の太さで燃料の流量をコントロールした。また，点火時期の制御は図3-1のようにエンジン回転数を遠心ガバナーで，負荷をVCホールに発生する負圧で検出して，それらの和として行っていた。

　ここでVC負圧とは，図3-2のようにスロットル全閉時には負圧が発生しない位置に小穴を開け，スロットルが開くと生じる進角用の負圧のことである。アイドリン

グ時にはVC負圧は発生しないが，スロットルが少し開いた低負荷時にはこの部位の負圧度は大となる。さらにスロットルが開くと，すなわち負荷が大きくなると，VC進角分は小さくなるようになっている。点火時期をガバナーとVC進角の和として制御することは簡単ではあるが，エンジンにとって最適の値とすることは困難である。すなわち，回転とともに要求点火時期が進むとは限らず，場合によっては一時遅らせることが必要になることがある。しかし，ガバナーを用いる限り回転数に応じて進むか頭打ちにするしか方法はなく，マップ制御的な点火時期の設定を行うことはできない。

　しかし，電子制御式の場合はエンジン回転数と負荷によるマップ制御が可能になる。空燃比，点火時期，排気清浄化システム，シフトまでを一括してマップ制御するのが一般的であり，図3-3はその例である。さらにトラクションコントロールや車

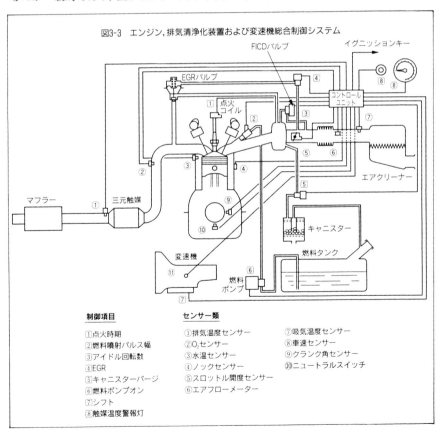

図3-3　エンジン，排気清浄化装置および変速機総合制御システム

制御項目
① 点火時期
② 燃料噴射パルス幅
③ アイドル回転数
④ EGR
⑤ キャニスターパージ
⑥ 燃料ポンプオン
⑦ シフト
⑧ 触媒温度警報灯

センサー類
① 排気温度センサー
② O_2センサー
③ 水温センサー
④ ノックセンサー
⑤ スロットル開度センサー
⑥ エアフローメーター
⑦ 吸気温度センサー
⑧ 車速センサー
⑨ クランク角センサー
⑩ ニュートラルスイッチ

表3-2 吸入空気量の検出方法の分類

空気量計量方式	検出方法	検出部イメージ
エアフローメーター式	熱線	→
	フラップ	→
絶対圧検出式	アネロイド	
	感圧ダイオード	

速を一定に保つASCD, パワーステアリング作動時の出力補正などを付加することもある。しかし, これらの制御対象項目のうちで中心になるのが, エンジンの燃焼に関する項目, すなわち空燃比と点火時期である。空燃比は吸入された空気量を求め, 燃料噴射電磁弁(インジェクター)の通電パルス幅を増減して制御する。ここで, 吸入空気量を求める方法として表3-2に示す方式が一般的である。エアフローメーター式は検出部を通過する空気流量を計測するのに対し, 絶対圧検出式は吸気マニホールド内の絶対圧を測っている。いずれにせよ, 温度補正を行いながらサイクルごとに各シリンダーが吸入する空気重量を求めている。

　噴射パルス幅と燃料噴射量との関係を模式的に図3-4に示す。噴射弁のコイルにパルス電流が流れてもバルブは慣性力や残留磁気のために, 電流どおりに動かない。一方, 燃料も慣性や粘性のためリフトどおりの流量とはならない。このようにパルス幅と燃料流量とは正比例関係にはならないが, 一対一の対応はつくのでエンジン

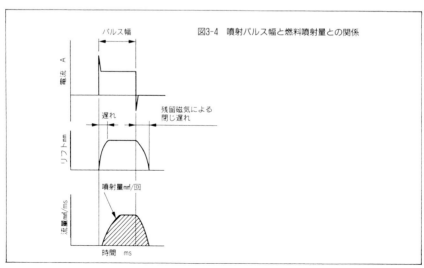

図3-4 噴射パルス幅と燃料噴射量との関係

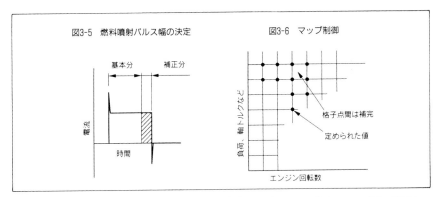

図3-5 燃料噴射パルス幅の決定 図3-6 マップ制御

　回転数と負荷に応じ基本パルス幅をまず決定する。次にこの基本パルス幅に補正を加え，所定の空燃比を得る(図3-5)。この補正項はO_2センサーや空燃比センサーからのフィードバック制御分，冷間時や加速増量分などである。また，噴射タイミングも定められた時期に制御される。点火時期もマップ上に定められた基本進角に制御し，もしノックセンサーからの信号でノックが発生していると判断した場合，遅角分を差し引くことにより適正値に制御される。

　エンジン冷間時のアイドル回転数の増大やエアコンの作動など，エンジンに負荷がかかったときにも，アイドリングを適正な回転になるように制御したり，EGRの必要のないエンジン運転状態ではこれをカットし，出力の回復と運転性の改善を行う。また，エンジンの円滑な運転に影響のない条件下で，キャニスターの活性炭に吸着された燃料蒸気を新気でパージするパージコントロールバルブのオンオフ制御を行う場合もある。燃料ポンプは衝突などでエンジンが停止した後も回転し続けると危険であるため，エンジンが一定時間回転していないと通電を絶つようになっている。また，触媒が過熱したときには警告灯を点灯し，異常を知らせる。エンジンの運転状態とトランスミッションのギア比の間には，目的に応じた最適な組み合わせがあるため，加速性あるいは経済性のいずれを重視するかによってシフトスケジュールを選び，変速を制御する。

3-2. 吸排気システム

　エンジン重量といった場合，一般にスロットルチャンバーから排気マニホールドまでを含んだ重量を指す。また，乾燥重量とはオイルやジャケット内の冷却水を抜いた状態の重量である。ここでは，エンジンの本体構造に含まれない吸排気系部品

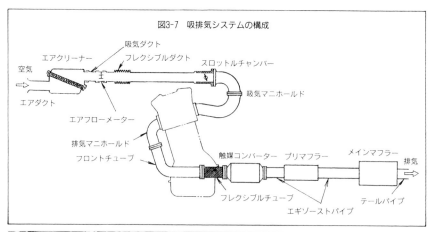

図3-7 吸排気システムの構成

図3-8 エアクリーナー(右)に直付けされたエアフローメーター(中央)

で構成される一連のシステムについて説明する。

　図3-7にFF車用の吸排気システムの構成例を示す。エアクリーナーとエアフローメーターは車両側に支持されている。エアクリーナーはケース内部に収納されているフィルターエレメントで構成され、ケースは簡単に分割されてエレメントの交換ができる。このエレメントは濾紙をオイルで湿したビスカス式が広く用いられ、使用途中での清掃は不要である。図のエアクリーナーは軸流式の車載型と呼ばれるものである。これに対し、図3-9のような求心流式のエンジン取り付けハット型がある。また、図3-7のような吸気系のレイアウトの場合、マニホールドのコレクターやブランチの他に、吸気ダクトを含めた管長に相当した慣性効果が得られるエンジン回転数が存在することがある。そのエンジン回転数は低く、そのときの過給圧も低いのでトルクのピークは顕著ではない。

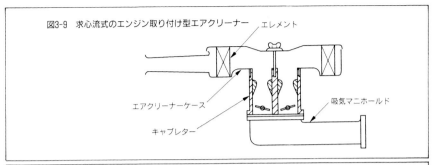

図3-9 求心流式のエンジン取り付け型エアクリーナー

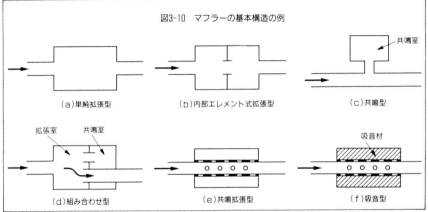

図3-10 マフラーの基本構造の例

(a)単純拡張型　(b)内部エレメント式拡張型　(c)共鳴型
(d)組み合わせ型　(e)共鳴拡張型　(f)吸音型

　排気系はフロントチューブからテールパイプまでを指し，この中に排気対策システムの一部である触媒コンバーターも含まれている．触媒コンバーターは触媒の活性化温度が得られ，かつ高温劣化を避けるような位置を選び配設される．また，プリマフラーは触媒コンバーターで代用できる場合もある．

　一般に使われている消音方法には拡張型，共鳴型，吸収型，抵抗型，干渉型，冷却型があるが，自動車のマフラーとして用いられるものは図3-10のような(a)単純拡張型，(b)内部エレメント式拡張型，(c)共鳴型，(d) (a)と(c)の組み合わせ型，(e)共鳴拡張型，あるいはこれらを組み合わせたものが多い．(f)吸音材を充填した吸音型もあるが，吸音材の飛散や凝縮水の問題もあり，あまり多くは使われていない．

　マフラーの基本的な消音特性を(a)と(c)について説明する．単純拡張型は排気を急に膨張させ，消音作用を行わせるものであり，図3-11のように各部の寸法を定めると騒音の減衰量DdBは，mを拡張室断面積Sと管部の断面積S_oとの比S/S_o，lを拡張室長さ，騒音の周波数f，音速をcとし，

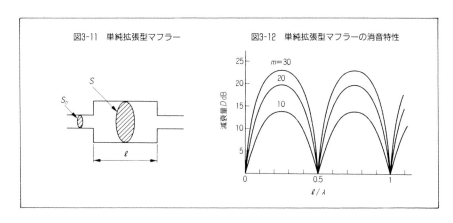

$$D = 10 \log \left\{ 1 + \left(\frac{1}{2} \cdot \frac{m^2-1}{m} \sin kl \right)^2 \right\} \text{dB}$$

となる。ただし，kは$2\pi f/c$である。また，波長をλとすると$f\times\lambda=c$であるから，$k=2\pi/\lambda$となる。mをパラメーターとし，Dとl/λとの関係を計算により求め図3-12に示す。図のようにl/λが0.5の整数倍となる周波数の騒音に対しては，まったく消音効果が得られないことがわかる。また，逆にl/λが0.25, 0.75, 1.25……となるような波長の周波数で最大の消音効果を発揮する。したがって，消音効果を得たい周波数に応じてlを求め，目標の減衰量を達成するように拡張比mを決定すればよい。

共鳴型マフラーの消音原理はヘルムホルツの共鳴器である。これは図3-13のように管路の途中を長さl，断面積Sの枝管で容積Vの共鳴室に開口したものである。lとSとVの値によって決まる周波数の音に対し激しく共鳴して，首部を出入りする波動のフリクションで音響エネルギーを熱エネルギーに変換し消音する。この現象が空

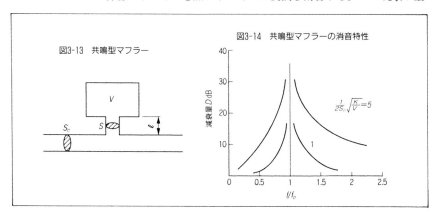

洞共鳴で，中世の頃から知られていたという。共鳴周波数をf_o，音速をcとすると，

$$f_o = \frac{c}{2\pi}\sqrt{\frac{k}{V}} \text{ Hz}$$

となる。ここでkは開口部断面積と枝管の有効長との比である。Sの部分の半径をrとすると，その有効長はほぼ$l+1.6r$となり，したがって$k \fallingdotseq S/(l+1.6r)$となる。ただし，$r$が小さいときには$k \fallingdotseq S/l$となって$f$はよく知られている$\frac{c}{2\pi}\sqrt{\frac{S}{Vl}}$となる。また，円筒状の開口部が$n$個ある場合の開口部断面積は$n\pi r^2$と見なすことができる。周波数$f$の音波に対する減衰量$D$は共鳴周波数を$f_o$として，

$$D = 10\log\left[1 + \left\{\frac{1}{2S_o}\sqrt{\frac{k}{V}}\bigg/\left(\frac{f}{f_o}-\frac{f_o}{f}\right)\right\}^2\right] \text{dB}$$

となる。$\frac{1}{2S_o}\sqrt{\frac{k}{V}}$をパラメーターとし$f/f_o$に対する減衰量を求めると，図3-14のようになり，共鳴する周波数のところで大きな消音効果が得られる。この方式をマフラーに適用すると，図3-10の(d)や(e)のようになる。

　次に，フロントチューブ以降の排気系の材料としては耐熱性があり，酸性の凝縮水に対し耐腐食性があることが必要である。以前は電縫鋼管やスティール製が多かったが，触媒コンバーターが装着され，さらに耐久性の要求が高まるにつれ，ステンレススティールが多く採用されるようになった。

3-3. 冷却システム

　エンジンにとって冷却が必要な第一の理由は材料の保護であるが，ガソリンエンジンの場合は耐ノック性を高めるとともに，プリイグニッションを防ぐためにも冷却は必須である。さらに，シリンダー内や吸気マニホールドが高温になることは充填効率を低下させ，出力低下につながる。本書では水冷式の冷却システムについて述べる。水冷式とは冷媒として水とエチレングリコールなどを主成分としたLLC（Long Life Coolant）との混合液を用いる場合も含んでいる。また，液冷式とは水冷式の他

表3-3　冷却系構成要素

エンジン側	ウォーターポンプ ウォータージャケット サーモスタット
車両側	ラジエター （リザーバータンクを含む） ラジエターホース 冷却ファン

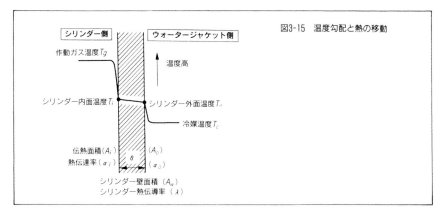

図3-15 温度勾配と熱の移動

に冷媒としてオイルを用いる方式も指す。

　水冷式は密閉空間を冷媒が循環するクローズドシステムであり，表3-3のようにエンジン側と車両側の部品あるいは空間で構成されている。これらの要素でエンジン各部の温度を適温に維持するが，例としてシリンダー内側の温度と冷媒への熱の授受について説明する。シリンダー内側から冷媒まで熱が移動する際に図3-15のように温度勾配が生ずる。T_gとT_iとの間に大きな温度差があるのは境界層のためであり，この落差はシリンダー外面と冷媒との間にも存在する。ここで適温に保ちたいのはシリンダー内面の温度T_iであり，そのためには必要な熱を移動させなければならない。したがって，シリンダー壁部分の温度勾配からT_iが決まる。このT_iを得るためにさらに低い冷媒温度T_cが設定される。このようにして，冷媒の要求温度が決まってくる。

　ここで温度と熱の移動について少し触れておくと，作動ガスから冷媒に伝わる熱量Qはシリンダー内側の伝熱面積をA_i，冷媒側の伝熱面積をA_oとすると，

$$Q = kA_o(T_g - T_c)$$

となる。ここでkは熱通過率と呼ばれ，シリンダー内面および外面の熱伝達率を$α_i$, $α_o$，また，シリンダー壁の金属部分の熱伝導率を$λ$，この壁面部分の熱通過面積をA_w，厚さを$δ$とすると，

$$\frac{1}{k} = \frac{A_o}{α_i A_i} + \frac{δ A_o}{λ A_w} + \frac{1}{α_o}$$

となる。一方，作動ガスからシリンダー内面に伝達する熱量はQであるから，

$$Q = α_i A_i(T_g - T_i)$$

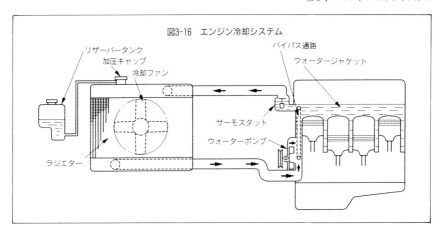

図3-16 エンジン冷却システム

となり、境界層を介した$α_i$の値についてはいろいろな実験式が提唱されている。また、ウォーターポンプの流量を上げると冷媒の流速が早まり、冷媒側の境界層が薄くなってT_oが低下する。したがって、T_iも低下する。奪い去った熱を冷媒が素早く移動させることが大切である。また、ラジエター側でも同じことがいえるが、ここでは省略する。

図3-16はクローズド式のエンジン強制冷却システムの構成を示す。ウォーターポンプでウォータージャケット内に圧送された冷媒はシリンダーや燃焼室周り、排気ポート部などから熱を奪い、ラジエターに流入する。ここで熱を捨て、ウォーターポンプの吸い込み側に還流する。

系内は0.9kgf/cm²(92kPa)程度に加圧され、沸騰点を高めてポンプのキャビテーションを防ぐとともに、容易に気泡が発生して金属部分に液状の冷媒が触れなくなるのを防止している。その加圧はラジエターの注水キャップに内蔵されているレリーフ弁で行い、オーバーフロー側を導管でリザーバータンクに開放し、あふれた冷媒を一時貯溜する。エンジンが冷えて冷媒の体積が収縮すると、その減量に応じてリザーバータンクから冷媒を吸い込み、系内に過度な負圧が発生しないようになっている。また、ラジエターの裏側には冷却ファンが配置され、停車時や低速時のラジエター通過風量を確保する。

エンジン冷間時にはサーモスタットが閉じ、冷媒はラジエターへは流れず、シリンダーヘッド内のウォータージャケットから直接ウォーターポンプの吸い込み側にバイパス通路を通って還流する。これによりウォータージャケット内で冷媒が循環し、素早く均一に暖まるようになっている。サーモスタットのアクチュエーター部

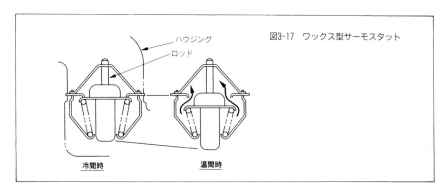

図3-17 ワックス型サーモスタット

にはワックスが封入されており，冷媒が目標制御温度に達するとワックスが溶け，体積が膨張してテーパー状のロッドを押し，その反作用でバルブをリフトさせる。温度が下がるとワックスが固まり収縮するのでバルブはスプリングで押しもどされ，冷媒の流路を絞りラジエターへの循環量を減少させる（図3-17）。

ここでラジエター入口と出口の冷媒の温度差と放熱量Qとの関係について説明する。ラジエター入口の冷媒温度T_{in}が88℃，出口温度T_{out}が82℃，このときの循環量Lを80ℓ/min，また簡単化のため冷媒の比重ρを1，比熱を1とすると，

$Q = \rho C L (T_{in} - T_{out})$
 $= 1 \times 1 \times 80 \times (88 - 82)$
 $= 480 \text{kcal/min}（約2,000\text{kJ/min}）$

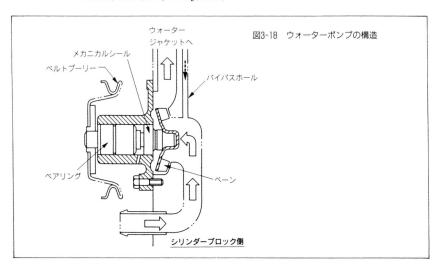

図3-18 ウォーターポンプの構造

第3章 エンジンのサブシステム

図3-19 ウォーターポンプと鈑金製のポリVベルトプーリー

となる。当然，これと等しい熱量がラジエターから空気に捨てられている。

　ウォーターポンプは図3-18のような遠心式が使われる。小型で大流量が得られ，コストが安く信頼性が高い。ポンプの心臓部であるベーンは以前は鋳鉄製であったが，現在は鈑金製が多く，合成樹脂製も採用されている。循環流量は出力1ps当たり1～2ℓ/minが必要である。したがって，(流量)×(吐出圧)が大きいため，クランクプーリーからの動力で駆動される。また，メカニカルシールはこの部分で冷媒と空気とを遮断しており，カーボンなどの水潤滑性のシールが用いられる。

　ラジエターは図3-20のようなコルゲートフィン型が多く用いられる。この他に薄

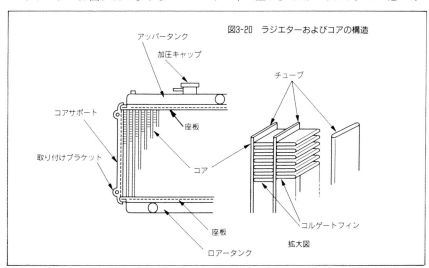

図3-20 ラジエターおよびコアの構造

175

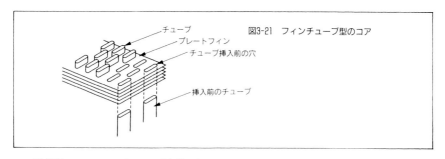

図3-21 フィンチューブ型のコア

い平板状のフィンにチューブを差し込んだフィンチューブ型（図3-21）もあるが、乗用車には使われなくなった。チューブとフィンを合体した熱交換器の部分をコアと称する。コルゲートフィン型のコアは図3-20の右側に示すようにチューブとチューブの間に波状のフィンをはさんで積層し、一括してハンダ付けされている。また、チューブの上下端は座板の穴に差し込まれて周りを一体的にハンダ付けされ、アッパータンクとロアータンクは座板に気密を保つように固着されている。軽量化と強度の点からコアとコアサポートはアルミ合金製が多く、またタンク部分は合成樹脂製とし、ゴムのシールをはさんで座板にかしめ付けされるのが一般的である。本図のコアはチューブが横方向に一列に並んでいるだけであるが、これを何枚も重ねる場合がある。この場合にはフィンピッチを大きくするなどして、通気率を維持する必要がある。また、フィンやチューブは可能な限り熱の授受を改善するため、フィン間やチューブ内を流れる流体に乱流を発生させるようになっている。

　図3-22に加圧キャップの構造を模式的に示す。これまでは加圧キャップをラジエターの注水孔に装着する方式について説明してきたが、ラジエターのアッパータンクとリザーバータンクとを単に連通させ、加圧キャップをリザーバータンクに移動させた例もある。この場合、リザーバータンクはラジエターのアッパータンクと同じ内圧を受けることになる。これまで述べてきたダウンフロー式のラジエターの他に、ボンネット高さを下げるため、タンクを左右に配設し、チューブを横にしたサイドフロー式も増えている。

　冷却ファンは、電動式およびとウォーターポンプと同様にエンジンで駆動される方式のものとがある。エアコンのコンデンサーがラジエターの前に配置されるため、ファンによる強制的な空気の吸引が必要になる。ここで、ファンによる風量が増大すると、騒音もファンの回転数のほぼ三乗に比例して大きくなる。一方、ファンによる風量はファン直径の三乗と回転数の積に比例する。したがって、ファンの直径を大きくして回転数を下げ、図3-23のようにシュラウドを装着してファンの効率を

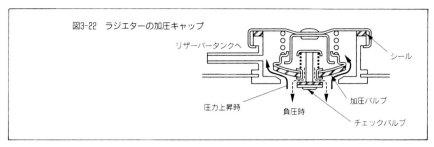

図3-22　ラジエターの加圧キャップ

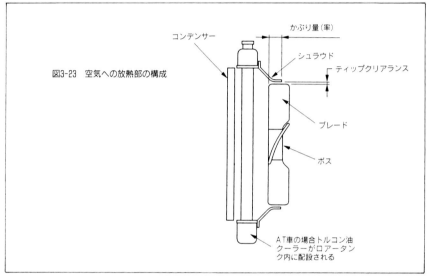

図3-23　空気への放熱部の構成

改善する。このように，冷却ファンの性能は風量と騒音の両面から評価しなければならず，外径，ブレードの翼形，ボス部分の面積，シュラウドとのクリアランスやかぶり量などがこれに大きく影響する。また，エンジンからの動力で駆動される冷却ファンの動力伝達系に流体式のカップリングを介装し，エンジンの回転に比例してファン回転数が増大しないようにしたものが多い。

　一方，電動ファンはモーターに必要なときに通電し，エンジンの回転数とは無関係に風量を確保でき，また車載レイアウトの自由度が大きい。FF車の出現とともに大きく進歩した技術の一つである。切り換えスイッチによりファン回転数を変えることができ，暖機時間の短縮，燃費の向上，騒音低減などメリットが多い。また，エンジン停止後もファンだけを作動させて，耐熱性を向上させることができる。モーターは全長を短縮させるため，プリントモーターが多く使われている。

3-4. 潤滑システム

　潤滑システムは図3-24のような構成で，エンジン内の軸受部や摺動部に給油し，摩擦部位の潤滑と冷却を行う。また，オイルタペットや可変バルブタイミング機構を採用したエンジンでは，作動油としてのエンジンオイルの供給を兼ねている。自動車用エンジンでは，オイルを圧送して供給する強制潤滑方式が一般的である。主な構成部品はストレーナー，オイルポンプ，フィルターおよびレリーフバルブである。また，オイルクーラーを装着する場合は図3-25のように，オイルフィルターとエンジンのメインギャラリーとの間に配設する。

　オイルパンの底部に位置しているストレーナーで大きな異物を取り除き，オイル

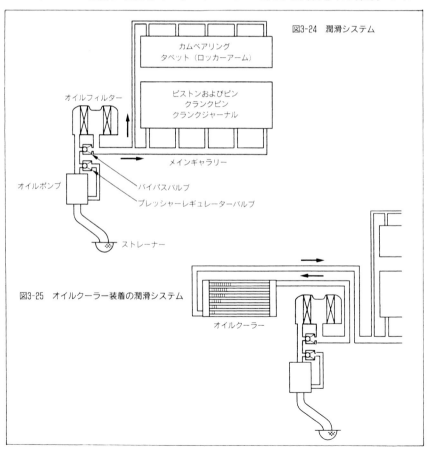

図3-24　潤滑システム

図3-25　オイルクーラー装着の潤滑システム

図3-26 オイルストレーナー

油面が下がってもオイルを吸引できるように下面に開口部がある。

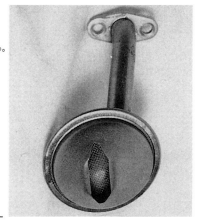

　ポンプで加圧されたオイルは，オイルフィルターのエレメントの外側に流入する。ここで濾過されたオイルはメインギャラリーに入り，シリンダーブロック側とヘッド側の各潤滑部分へ送られる。まず，ブロック側はメインギャラリーから各メインベアリングに分配されたオイルがクランクジャーナルを潤滑し，一部はクランクシャフト中の油穴を通ってクランクピンに到達する。また，コネクティングロッド大端部の小穴から噴射されたオイルは，シリンダーとピストンおよびピストンピンの潤滑を行う。さらに，ピストン冠面の裏側にかかったオイルでピストンを冷却する。ここで，高出力を目指したエンジンやレーシングエンジンではメインギャラリーからノズルによりオイルを直接噴射して，ピストンを強制的に冷却することがある。また，シリンダーヘッド内に送られたオイルはカムベアリングやタペットなどを潤滑し，ブローバイホールからオイルパンに還流する。チェーンやギアでカムシャフトを駆動する場合はこの部分へもオイルを供給し，油圧式のチェーンテンショナーを用いる場合はプランジャーの裏側へも油圧を導く。
　オイルポンプはオイルパンにたまったオイルを吸い上げ，加圧してメインギャラリーに圧送する。したがって，ポンプの型式は図3-27のような容積型が用いられる。(a)の外接インボリュートギアポンプは通称ギアポンプと呼ばれるもので，単純な構造で堅牢である。筆者らが設計したV8やV12のレーシングエンジンには，このギアポンプを用いていた。また，(b)は内接4葉5節トロコイドポンプであり，焼結合金がポンプのギアに使われだした頃，作りやすく多用された。しかし，(a)と(b)は，(c)や(d)にくらべ歯の厚みが必要であり，またクランクシャフトの前端で同軸駆動するのは困難である。これに対し，(c)の内接多数歯トロコイドポンプや(d)のクレセン

図3-27 オイルポンプの型式

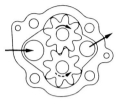
（a）外接インボリュートギアポンプ

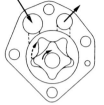
（b）内接4葉5節トロコイドポンプ

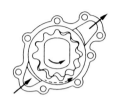
（c）内接多数歯トロコイドポンプ

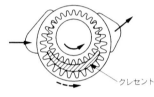
（d）クレセント付き内接インボリュートギアポンプ

回転方向

図3-28 フロントカバーに組み込まれたオイルポンプ

クランクシャフトの先端で駆動される。

ト付き内接インボリュートギアポンプは薄型でフロントカバー内に収納し，クランクシャフトの先端で駆動することができる。

　これらのポンプのうちで(c)の多数歯トロコイドポンプが多く採用されているが，一歯当たりの容積変化が大きいため，油圧の脈動振幅による振動や騒音が問題となる場合がある。オイルポンプの歯先や側面などの微小なクリアランスからのオイルのもれがあり，吐出量V_eは容積変化量をVとして$V_e=\eta V$となる。このηはポンプの回転数，油圧，クリアランスの大きさやオイルの粘度などに影響され，$0.6\leqq\eta\leqq0.9$程

第3章　エンジンのサブシステム

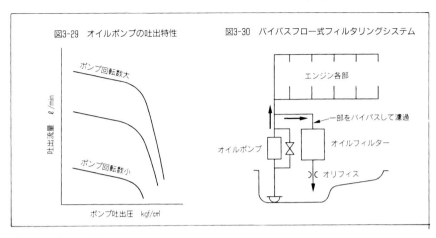

図3-29　オイルポンプの吐出特性　　図3-30　バイパスフロー式フィルタリングシステム

度となる(図3-29)。

　オイルポンプの吐出圧が過大とならないようにレリーフ型のプレッシャーレギュレーターバルブをポンプの吐出側に介装する。また，オイルフィルターが目詰まりを起こした場合，これをバイパスするためのバルブも装着される。エンジンオイル中には金属粉，空気中のゴミや燃焼によるスラッジなどの不溶解物質が浮遊しており，これが摺動部にかみ込まれると摩耗を助長する。この微小な異物を除去するため，オイルフィルターが装着される。自動車用エンジンではオイルポンプから吐出し，メインギャラリーに送られるオイルの全量がフィルターを通過するフルフロー式が多い。これに対し，図3-30のようにオイルポンプで圧送されるオイルの一部を濾過し，オイルパンにもどすバイパスフロー式もある。しかし，これを単独で使用すると，オイルフィルターを通らずにメインギャラリーに異物が送られることもあり，危険である。この他にフルフロー式とバイパスフロー式とを組み合わせたシステムもある。

　オイルフィルターの濾材(エレメント)には積層板式や焼結式などもあるが，濾紙を用いるのが一般的である。濾紙は異物除去性能やコストの点で有利であり，フィ

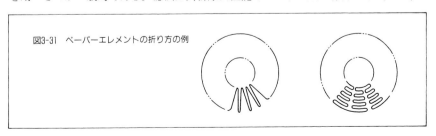

図3-31　ペーパーエレメントの折り方の例

181

ルターの外形寸法が同じでも濾過面積を大きくして，長寿命をねらった折り方が工夫されている(図3-31)。濾材を用いずに遠心力で異物を除去する遠心式もある。

3-5. 点火システム

　エンジン総合制御の一部としての点火システムについては3-1で説明したが，ここでは独立点火方式の電子配電システムと，基本的な機械式のディストリビューターを用いた点火システムについて述べる。一般に電気火花による点火系は①電流遮断部，②高電圧発生部，③スパークプラグであるが，ディストリビューター式の場合にはこれに配電部が加わる。また，要求点火時期の考え方については次章で述べることにする。

　図3-32には図3-1の点火システムの部分の詳細を示す。これは各点火プラグに独立した点火コイルを設け，点火プラグの近傍まで低圧の一次電流として配電する。コイルの一次電流の遮断は，マイクロコンピューターからの信号によりパワートランジスターで行う。点火コイルを点火プラグの端子に直付けすれば，ハイテンションコードは不要となり，点火エネルギーが安定し，また電波雑音が小さくなるなどの利点がある。この点火システムに用いる点火プラグに直付け用の点火コイルの構造を図3-33に示す。鉄芯は閉ループ式で一次コイルの上に二次コイルが巻かれている。ふつう，このコイルはヘッドカバーにボルトで固定され支持される。かつては

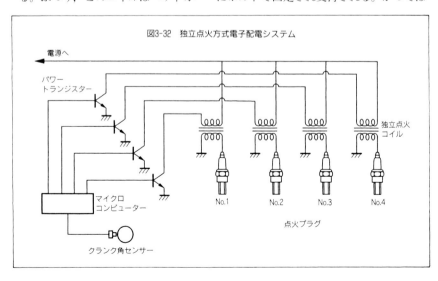

図3-32　独立点火方式電子配電システム

第3章 エンジンのサブシステム

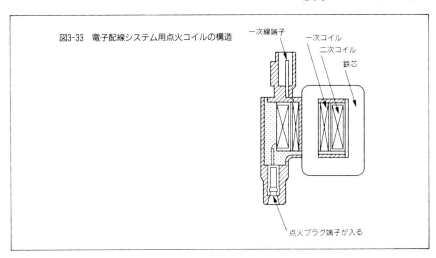

図3-33 電子配線システム用点火コイルの構造

レーシングエンジンに使われていたこの点火システムは、現在では実用車にも多く採用されている。

　圧縮された混合気が理想的な状態なら、5 mJ程度の点火エネルギーで初期火炎核が形成され、燃焼が開始するといわれる。しかし、圧縮圧力、空燃比、残留ガス、EGRガス、点火プラグの状態、エンジン回転数などの影響を受けずに、安定して混合気に燃焼を開始させるためには25mJ～100mJの点火エネルギーを供給する。点火エネルギーは放電電圧と電流と放電時間との積に比例するが、放電時間を不必要に延ばしても意味はない。第1章および第2章で述べたように、燃焼が始まるタイミングが大切であって、火がついてから追い打ちをかけるような点火エネルギーの供給は無駄になることが多い。火花が飛ぶ際の時間に対する二次電圧は図3-34のよう

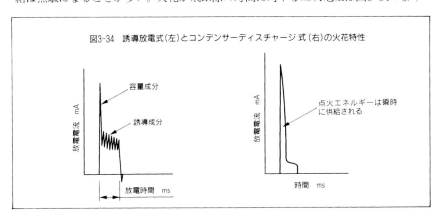

図3-34 誘導放電式(左)とコンデンサーディスチャージ式(右)の火花特性

になる。最初，容量成分の火花が飛び，混合気に電気の路（みち）をつくる。これをブレークダウン電圧と称する。続いて，この放電通路を通って誘導成分の火花が飛ぶ。放電時間は2.3ms(千分の2.3秒)程度であるが，もしエンジンが6000rpmで回転していると，この間にクランクシャフトは0.23回転すなわち83°もまわってしまうことになる。超高速エンジンでは放電時間が$100\mu s$(0.1ms)でも点火エネルギーを供給できるコンデンサーディスチャージ式が有利である（図3-34の右）。

　電子部品のコストが低減したので，高性能エンジンには性能が安定し損耗部分のない電子点火式が主流となったが，参考までに機械式のディストリビューターを用いた点火システムを図3-35に示す。

　ディストリビューターは二階建てになっており，下段に電流遮断部が，上段に配電部が設けられている。電流の遮断はカムとブレーカーアームのコンタクトポイントで，配電はローターで行う。カムとローターは同軸で駆動される。また，高圧の二次電流はハイテンションコードで各プラグに供給する。電波雑音を防ぐため，抵抗入りのハイテンションコードで各プラグに配電するが，電波雑音を防ぐため，抵抗入りのハイテンションコードとする場合が多い。

　この他に点火時期制御を電子的に行い，高圧側をディストリビューターで配電する方式などがあるが，前述の点火システムの中間的な存在であるので省略する。

　電子式，機械式を問わず点火プラグは共通して使用される。図3-36に電波雑音を低減するための抵抗入り点火プラグの構造を示す。サイズや熱価など使用上の選択

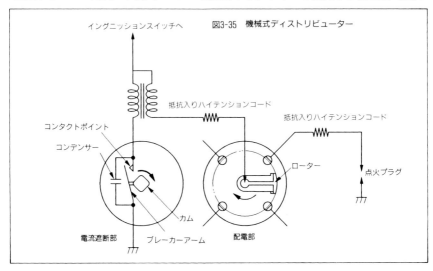

図3-35　機械式ディストリビューター

第3章　エンジンのサブシステム

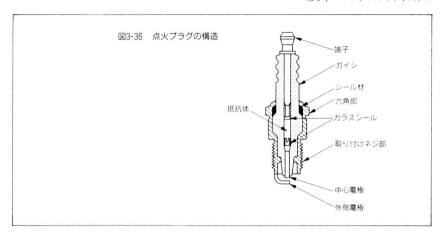

図3-36　点火プラグの構造

肢については，整備要領書や点火プラグのカタログなどに詳しく述べられているので省略することにする。

3-6．過給システム

　地球上の大気の圧力が1気圧でなく，もし2気圧であれば，エンジンの排気量は1/2で同じ重量の燃料を燃焼させることができる。過給とは空気をエンジンにむりやりに押し込むのではなく，密度の高い空気をつくって，エンジンに供給することであると考えるのが自然である。すなわち，過給時にも慣性過給や慣性排気が重要になる。過給システムを採用することにより，排気量当たりの出力の向上，逆に見れば出力当たりのエンジン重量の低減やエンジン外形寸法の縮小が可能になる。現在，実用化されているシステムとしては，
①排気タービン式過給システム
②機械式過給システム

図3-37　過給機の種類

駆動方法	排気エネルギー	機械式				
過給機型式	排気ターボ	ルーツ型	スクリュー型	ベーン型	スクロール型	ロータリー型
過給機のイメージ						

③これらの組み合わせ式の過給システム

がある。使用される過給機としては，排気駆動式の場合は通称，排気ターボであるが，機械駆動式の場合はいろいろな方式が検討されている。これらをまとめると図3-37のようになる。

　排気ターボは小型軽量で搭載性が良く，過給圧制御も容易であり，かつては問題の一つであったレスポンスも大幅に改善され，もっとも多く使われている。これに対し，機械式はエンジンで直接駆動されているため，とくに低速時のレスポンスにおいては優れた性能を発揮する。しかし，重量がかさんでクランクプーリーから動力を得るため搭載場所の制約がある。また，駆動力のオンオフを行うための電磁クラッチが必要であるなど，システムが複雑になる。レスポンスの改善とエンジンの運転範囲の全域で十分な過給効果を得るため，スーパーチャージャーと排気ターボを組み合わせた前述③の通称スーパーターボシステム（ハイブリット）も実用化されている。

　排気ターボを装着した過給システムの例を図3-38に示す。吸入空気はエアフローメーターで計量された後に，ターボのコンプレッサーで加圧される。さらに，インタークーラーで冷却され，スロットルを通りエンジンに供給される。なお，インタークーラーを装着しない場合もある。しかし，空気が断熱的に圧縮されると昇温し，ノッキングを起こすことがある。また，ターボとしても背圧が上がって効率が低下し，エンジン側から見ると充填効率が低下するなどのトレードオフを伴うため，高

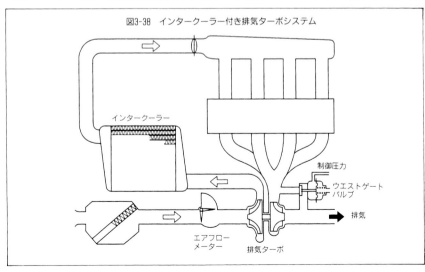

図3-38　インタークーラー付き排気ターボシステム

第3章 エンジンのサブシステム

図3-39 インタークーラー

このエンジンの場合はラジエーターの前に装着されている。

過給のターボシステムにはインタークーラーが用いられている。

一方，排気はターボの排気タービンをまわし，排気系に排出される。ウエストゲートバルブは過給圧が上がりすぎないように設けられる。過給圧が設定値より高くなると，ウエストゲートバルブが開き，排気がバイパスするようになっている。ウエストゲートバルブの制御圧は，単に過給圧を導くだけの場合が多いが，電子制御式として電磁弁のオンオフにより制御圧力を変え，過給圧を変化させることもある。これにより，過給圧をエンジンの運転条件に合わせてフィードバック制御することができる。

ターボの構造は図3-40のようにタービンインペラーで排気エネルギーの一部を回収し，同軸のコンプレッサーで吸入空気を加圧する。ターボは10万rpm以上の高速で回転することも多く，潤滑はとくに重要である。

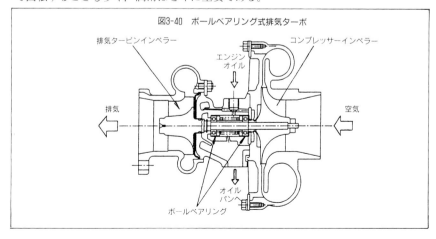

図3-40 ボールベアリング式排気ターボ

187

排気タービンは900℃以上の高温になることもあり，ニッケル系の耐熱合金が使用される。しかし，重量がかさむので，レスポンスの点では軽量なセラミック製が有利である。排気タービンからの熱でエンジン停止後にターボ中のオイルがコーキングを起こすことがあり，使用上の注意として制約を設けることが多い。

　一方，コンプレッサーインペラーはアルミ合金製が主流であるが，樹脂製も採用されている。前述のように高速回転するタービンシャフトの軸受は，フルフロートベアリング(ローテーティングブッシュ)とスラストベアリングの場合が多いが，とくにレスポンスが要求されるエンジンでは図3-40のようにボールベアリングを用いることもある。また，タービンハウジングはニレジスト，コンプレッサーハウジングはアルミ合金鋳物製とするのが一般的である。

　これまで説明してきたように，ターボは排気タービンとコンプレッサーとで構成されており，それぞれの効率が全体の性能に影響する。ターボの総合効率ηはタービンの効率をη_t，コンプレッサーのそれをη_c，また機械効率をη_mとすると，

$$\eta = \eta_m \times \eta_t \times \eta_c$$

となるが，これを各特性値を基に書き直すと次式のようになる。

$$\eta = \frac{\left(\frac{P_2}{P_1}\right)^{\frac{\kappa_a-1}{\kappa_a}} - 1}{\left(\frac{G_e}{G_a}\right) \cdot \left(\frac{C_{pe}}{C_{pa}}\right) \cdot \left(\frac{T_e}{T_a}\right) \cdot \left\{1 - \left(\frac{P_4}{P_3}\right)^{\frac{\kappa_e-1}{\kappa_e}}\right\}}$$

ここでG_a：吸入空気の重量流量，　G_e：タービン入口の排気重量流量，
　　　T_a：コンプレッサー入口の空気温度，　T_e：タービン入口の排気温度，
　　　C_{pa}：吸入空気の定圧比熱，　C_{pe}：排気の定圧比熱，
　　　P_2/P_1：コンプレッサーの圧力比，　P_3/P_4：タービンの膨張比，
　　　κ_a：吸入空気の比熱比，　κ_e：排気の比熱比，

　車両搭載性の点からターボの小型軽量化が追求され，タービンやコンプレッサーインペラーを小径化して，空気流量はターボの高速回転によって確保する傾向にある。これは，流体力学的な性能とフリクションの面からは不利であり，車載レイアウトを含めたターボシステムとしての合理的な設計が必要である。自動車用エンジンの場合，低速回転時のトルクやレスポンスが重視され，ターボにもこの要求が課せられる。

　ここで，ターボラグとは，スロットルを急に大きく開いたとき，ターボが働き出

第3章　エンジンのサブシステム

図3-41　排気ターボとウエストゲートバルブ

図3-42　排気ターボのコンプレッサー側
中にコンプレッサーインペラーが見える。

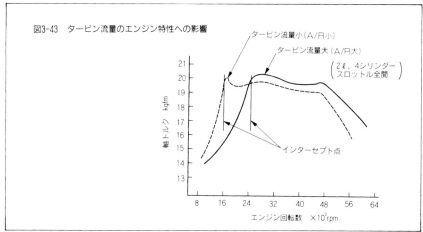

図3-43　タービン流量のエンジン特性への影響

してエンジンのトルクが急激に上昇しだすまでの遅れのことであり，これもレスポンスに含まれる。図3-43のようにタービン流量の小さなターボを使用して低速時の運転性やトルク特性を改善すると，早期にウエストゲートバルブが開いて，排気をバイパスすることになる。このため，中速域以上では排気のエネルギーをターボの過給仕事に十分に活用することができなくなる。逆に大きなターボを使用すると，低速特性が犠牲になるが，高速時のトルクやレスポンスは改善される。図における

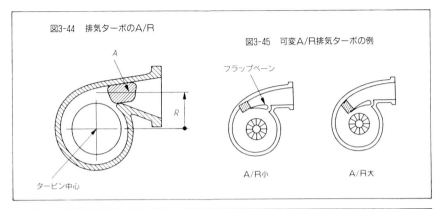

図3-44 排気ターボのA/R

図3-45 可変A/R排気ターボの例

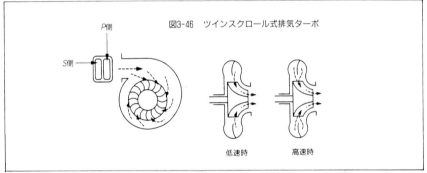

図3-46 ツインスクロール式排気ターボ

A/Rとは図3-44のようにノズル部の面積とタービンシャフト中心からの距離Rとの比と定義され、これが小さいと低速型のターボとなる。

　エンジン回転数の広範囲において、過給特性を改善する技術の一つとして図3-45のようにフラップベーンを設け、A/Rを変化させる方法がとられた。低速時、すなわち低排気流量時にはフラップベーンを閉じてAを小さくし、高速時にはこれを大きくする。これと同じく可変容量型のターボとしてツインスクロール型があった。図3-46のように、タービンハウジングの中間に仕切り壁を設けてスクロールを二つに独立させてある。低排気流量時にはP側（プライマリー側）にのみ排気を導き、大排気流量時にはP側とS側（セカンダリー側）の両方に流すようになっている。

　この他にも複数の固定翼と可動ベーンを有するウイングターボや多数の可動ベーンを設けたもの、排気の干渉を避けるようにタービンの排気の入口を二つに分けたツインエントリー型などが実用化された。このツインエントリー型をさらに一歩進めたのが図3-47のようなツインターボ過給システムである。これは直列6シリンダ

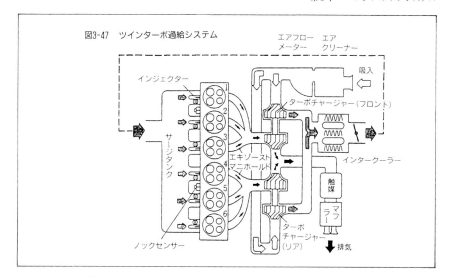

図3-47 ツインターボ過給システム

一エンジンの例であるが，それぞれのターボの排気の流入が等間隔になるようにしてある。点火順序は1-5-3-6-2-4-であるので，1，2，3シリンダーからの排気をひとまとめにして一つのターボへ，また4，5，6シリンダーにも独立したターボを設ければ排気干渉を避けることができる。

同じくターボを二つ用いるシステムとしては，直列シーケンシャルシステムと並列式のそれとがある。直列式は低速時には小流量タービンに排気の全量を流し，中高速時にはこれをバイパスし，直接大型のターボに排気が導かれる。一方，並列式は低速時には一つのターボを作動させ，中高速時には二つのターボに排気を流すようになっている。いずれも排気の切り換え時のトルクの段付きが問題となる。

これまでの説明では，空冷式のインタークーラーを例示してきたが，水冷式のインタークーラーも用いられる。空冷式の場合は走行風が当たりやすい場所にインタークーラーを配設しなければならないが，水冷式は取り付け場所の自由度が大きい。しかし，空冷式のインタークーラーは構造が簡単で軽量であるため，多く採用されている。また，インタークーラーのチューブは吸気の抵抗となるため，ターボのコンプレッサー出口以降の配管の抵抗とともに圧力損失を発生させる。これは，ターボの過給仕事の増大や空気温度の上昇を招くので，可能な限り小さくなるようにシステム設計される。

スーパーチャージャーはエンジンの出力軸から直接動力を取り出して駆動されるため，低速トルク特性とレスポンスに優れている。しかし，吐出空気量はエンジン

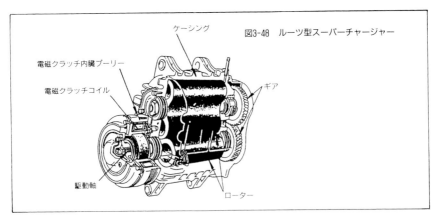

図3-48 ルーツ型スーパーチャージャー

の回転数のみに依存し、負荷とは無関係であるため、過給を必要としない運転条件のもとではスーパーチャージャーを作動させないようにしなければならない。このため、駆動力の断続機構が必要となり、図3-48のように電磁クラッチが用いられる。スーパーチャージャーは、エンジンのアウトプットとなるべき動力の一部を消費している。空気の圧縮仕事は本来の目的を達成するために必要な損失であるが、フリクションやローターのすき間からの空気のもれなどを極力少なくし、無駄な仕事をさせないようにすることが大切である。

エンジンの高速・高負荷運転時までをスーパーチャージャーでカバーしようとす

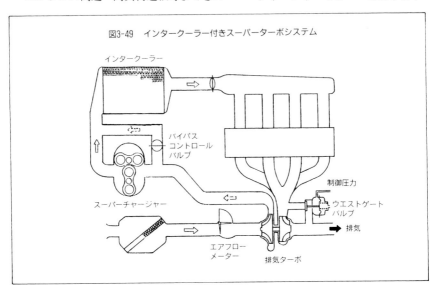

図3-49 インタークーラー付きスーパーターボシステム

ると，大型のスーパーチャージャーが必要となる。そこで，スーパーチャージャーとターボとを組み合わせた図3-49のようなシステムがある。それぞれの特徴を活かし，低速回転域ではスーパーチャージャーを作動させ，中高速域では電磁クラッチを切ってこれを停止するとともに，バイパスコントロールバルブを開いて，吸気をターボから直接エンジンに供給する。この方式が，商品名でスーパーターボシステムと呼ばれるものである。

第4章　エンジンの性能とマッチング

　エンジンのハードウエアのもつポテンシャルを十分に引き出すために，空燃比，点火時期,冷却水温度,吸気温度,ターボエンジンでは過給圧などの運転変数(Operating Variables)を適切な値に設定することが必要である。この適合のことをエンジンのマッチング(Matching)と称する。エンジンの性能には，定常性能，過渡性能，燃費性能，排気性能や騒音特性などがあり，これらはエンジンのハードウエアと運転変数のマッチングによって決定される。エンジンの各性能間には互いに関連があり，全体を見ながらマッチングを行うことが大切である。冷却水温度のセットを例にとり，図4-1で説明する。

　冷却水温度が低すぎると，燃焼が悪く，またフリクションも大きいので，軸トルクは小さくなり，その分燃料消費率も悪くなる。一方，燃焼が悪いためNO_xレベルは低いが，未燃焼炭化水素(HC)は増大する。冷却水温度が高くなるのにしたがい，燃焼が改善され，要求点火時期は遅れてきて等容度は大きくなる。また，フリクションも小さくなる。しかし，温度が高すぎるとノッキングが発生しやすくなり，点火時期を遅らせる必要が出てくる。しかも，吸入効率が低下するため軸トルクは一層低下する。これらのバランスをとり，さらに耐熱性への余裕度を考慮しながら冷却水温の設定値が決定される。設定温度範囲は80～88℃程度が一般的である。

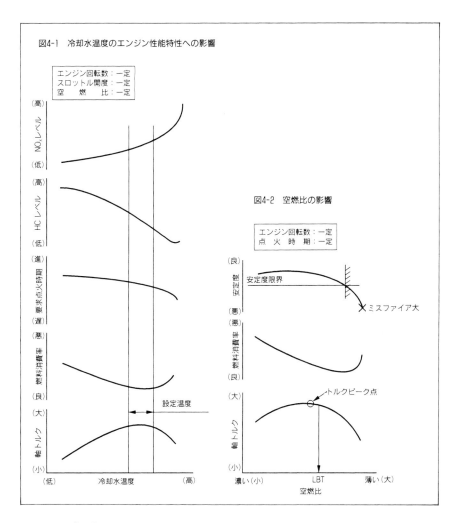

図4-1 冷却水温度のエンジン性能特性への影響

図4-2 空燃比の影響

4-1. 定常性能

　エンジンの定常性能は，動力計を備えたテストベンチで評価される。まず，基本的な空燃比と点火時期のセットについて述べる。

　エンジンを動力計と接続して，回転数を一定に保ちながら空燃比を変化させると，軸トルク，燃料消費率は図4-2のような特性を示す。空燃比が濃すぎると，燃焼ガス温度が低くなって作動ガス圧力が下がり，軸トルクは小さくなる。また，酸化途中

の生成物COやHCの排出が増大するので,この分も燃費の悪化に上乗せされる。一方,空燃比が薄くなりすぎるとミスファイアが発生し,エンジンの安定度が喪失する。軸トルクは低下し,ミスファイアにより燃料が生ガスとして排出されるので,燃費も悪くなる。このリーン限界はエンジンの特性や運転条件により大きく異なる。リーンエンジンは,より薄い空燃比でも安定度を維持できるように,燃焼特性を改善している。

軸トルクがピークとなる空燃比が存在し,このピークトルクの99.5%のトルクが得られるリーン側の空燃比をLBT(Leaner Side for the Best Torque)と称する。トルクがピークとなる点の前後はフラットであるため,実質的な最大トルクで燃費が良いLBT点は,出力重視の空燃比の設定点となる。

逆に空燃比を一定にして点火時期を遅い方から徐々に進めていくと,軸トルクは図4-3のように変化する。進角とともにトルクは増大するが,さらに進めるとノッキングが発生し,トルクも低下する。ピークトルクの99.5%のトルクが得られる遅角側(リタード側)の点火時期がMBT(Minimum Advance for the Best Torque)である。これは実用上の最大トルクが得られ,かつノッキングに対してマージンを取った点火時期である。ノックセンサーを装着した点火時期フィードバック制御システムでは,ほぼこのピークトルクを与える点火時期に制御している。なお,点火時期が遅いと後燃え現象が起こり,排気温度の上昇に燃料のもつエネルギーが使われることになる。また,燃料のオクタン価が低かったり,冷却水温度が高すぎたりす

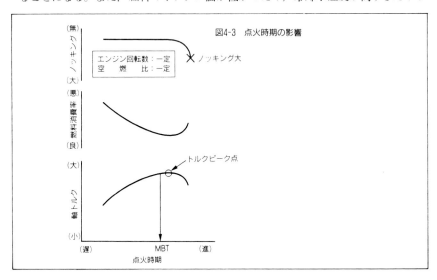

図4-3 点火時期の影響

第4章　エンジンの性能とマッチング

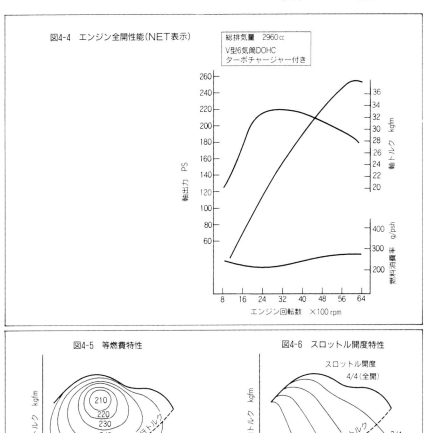

図4-4　エンジン全開性能（NET表示）
総排気量　2960cc
V型6気筒DOHC
ターボチャージャー付き

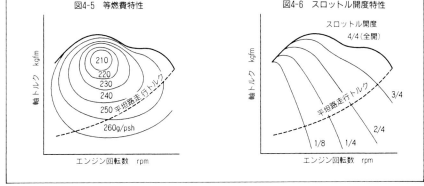

図4-5　等燃費特性

図4-6　スロットル開度特性

ると，MBTまで点火時期を進めないうちにノッキングが発生することがある。エンジン回転数が低くてスロットル開度が大きい運転状態でも，MBTまで点火時期を進められないことがある。

　エンジンの全開性能は空燃比がLBT，点火時期はMBTもしくはそこまで進角できない場合はノッキングを起こす少し遅角側（クランク角で2〜4°程度）にセットしたときの軸トルク，出力および燃料消費率特性である。図4-4にその例を示す。一般

に最大トルクが発生するエンジン回転数近辺で燃料消費率は最小となる。また，エンジンの全運転条件における燃料消費率は図4-5のように等高線状となる。このように燃費がもっとも良くなるゾーンがあることがわかる。

エンジン回転数に対する各トルクはスロットル開度を変えて得るが，図4-5に対応するスロットル開度と軸トルクの関係を図4-6に示す。エンジン回転数が低いときにはスロットルが少し開いても全開の場合とほぼ同じトルクに達するが，回転数の上昇とともにスロットル開度によるトルクの差が顕著になる。

ここでマッチングの一つとして，点火時期を遅らせてNO_xの排出を低減させる場合，図4-7のようにNO_xは濃度では確かに低減するが，一方，軸トルクも低下する。しかし，トルクが低下すると車速を維持できなくなるので，トルクを回復させるためスロットルを開いて吸入空気量を増大させることになる。したがって，排気量が増えるため，濃度では低くなっても重量では濃度の差ほど改善されない。また，点火時期をリタードすることによりHCも低減するが，濃度だけで判断せずにエンジンが必要な力を出した状態での時間当たりの排出重量（g/h）や出力×時間当たりの重量（g/psh）で評価することが必要である。

燃費，運転性などを考慮すると，なるべく点火時期を遅らせずにエンジンの運転変数は良い条件にセットし，HC，NO_x，COは排気後処理システムで対処するのが

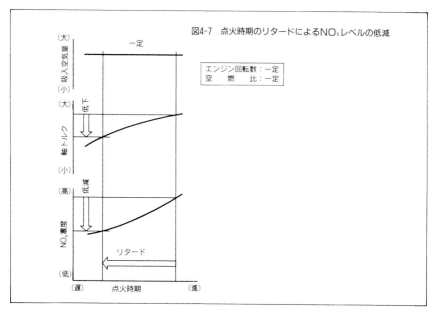

図4-7　点火時期のリタードによるNO_xレベルの低減

得策である。

この他に,動弁系のところでも説明したバルブタイミングの選定や燃料噴射タイミング,EGR率のマッチングも動力計上で行う。

4-2. 過渡性能

ゆっくりとした加速ならば,ほぼ定常状態の集積と考えることができ,したがってマッチングも定常時の運転変数で済む。しかし,急にスロットルを開いた場合には,とくに加速初期においてそれでは追いつかない。エンジンの過渡性能,応答性は最終的にはドライバーの意志あるいは期待感に対し,どれだけエンジンが応えられたかによって評価される。定常状態からスロットルを開いた際のエンジン回転の上昇のプロセスと,これに関係のある要因を図4-8に示す。

スロットルが開いてもシリンダー内の作動ガスの圧力が上昇しなければ,エンジンのトルクは増大しない。図のように,まず図示平均有効圧が増大するまでの過程として,スロットルが開き吸気マニホールド内が空気で満たされるまでに遅れがある。これにはスロットルから吸気バルブまでの吸気系の容積が影響する。次に圧縮終わりのガス圧が高くなっても,適正な空燃比になっているかが問題となる。

キャブレターを用いたエンジンでは燃料が供給される位置が吸気バルブから離れているため,空気が先にシリンダーに到達し,燃料はこれよりかなり遅れるので,一瞬空燃比が薄くなりレスポンスを阻害するという問題点があった。これには供給された燃料の大部分が壁流すなわち吸気マニホールドの壁面をつたって流れるため,

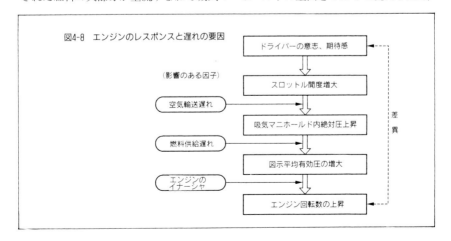

図4-8 エンジンのレスポンスと遅れの要因

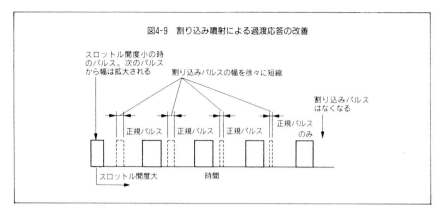

図4-9 割り込み噴射による過渡応答の改善

燃料の輸送速度が空気よりも遅くなるからである。

　電子制御式燃料噴射システムにより，この点は大きく改善されたが，燃料が噴射された後に吸気マニホールド内の絶対圧が増した場合は，そのサイクルの空燃比は薄くなる。また，コンピューターの演算速度も問題となる。そこで，スロットルセンサーでスロットルの動きを検出し，コントロールユニットが開度変化が大きいと判断した場合,正規の燃料噴射パルスとは別に図4-9のように割り込み噴射を行うのも一つの対策である。割り込みパルスの幅を徐々に短くしていき，不必要に空燃比が濃くなるのを防ぐと同時に，運転性に不連続感が生じないようにしている。

　このようにして図示平均有効圧の上昇時間を短縮しても，これがすぐにエンジンの回転数の上昇や車両の加速につながるわけではない。エンジンの運動部分のイナーシャ(慣性)により，図4-10のように図示平均有効圧の一部が目減りすることになる。すなわち，エンジン自身の回転上昇に図示トルクが使われ，その分，正味トルクは小さくなる。このイナーシャの影響は，ギアが低速に入っているときほど著しい。とくに無負荷状態でスロットルを急に開いたとき，すなわち空吹かし時には図示平均有効圧はフリクションに打ち勝って，エンジン自身の回転数の増大のみに使われる。そこで，エンジンの応答性評価の一つに空吹かし時のレスポンスの速さがある。

　たとえば，図4-11のようにアイドリング状態から急にスロットルを全開にして，所定の回転数に達するまでの時間tで評価する。600rpmのアイドリングから最高回転数6000rpmまで上昇するのに要した時間を測定する。その所要時間が0.6秒程度なら少し鈍いエンジンに感じるが，0.45秒以下になると鋭く感じる。運転変数の制御が完璧であれば，図中の遅れ分は最小となるはずであるが，イナーシャ分の抵抗は

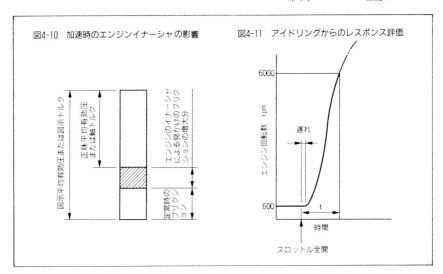

図4-10 加速時のエンジンイナーシャの影響　　図4-11 アイドリングからのレスポンス評価

依然として存在する。そこで、フライホイールやクランクシャフトの回転イナーシャを可能な限り小さくする。また、ピストンやコネクティングロッドの軽量化が有効である。

回転部分のイナーシャをIとすると、角速度ω_1で回転していたエンジンがω_2に回転上昇した場合、回転エネルギーの増大に使われた仕事ΔWは、

$$\Delta W = \frac{1}{2}I\omega_2^2 - \frac{1}{2}I\omega_1^2 = \frac{1}{2}I(\omega_2^2 - \omega_1^2)$$

であり、回転数の二乗で増大することがわかる。また、時間Δtで$\Delta \omega$だけ回転角速度が変化したとすると、このときエンジン自身の回転数上昇に使われたトルクT_Iは、

$$T_I = I\frac{\Delta \omega}{\Delta t}$$

であり、ΔW、T_IはともにイナーシャIに比例している。また、感覚的には各部のバランス、とくに回転バランスをとっておくとスムーズな立ち上がり感を与える。一方、エンジンブレーキに関してもイナーシャが大きいと不利になる。

第5章　排出ガスの清浄化と騒音低減

5-1. 排出ガスの清浄化

　自動車の環境との調和のために，規制する排出ガスの発生源は次の三つである。ここで排出ガスとしたのはテールパイプから排出されるガスを排気と称し，使い分けするためである。規制の対象となる排出ガスは，①排気，②ブローバイ，③燃料タンクからの蒸気，である。①の排気中にはHC，CO，NO_xの規制物質のすべてが含まれている。また，ディーゼルエンジンではこの他にパティキュレート(微粒子)が問題となる。②と③はHCである。とくにブローバイそのものの大気中への放出は禁じられており，その対策技術については燃料の蒸発とともに後述することにする。

　排気放出物(Exhaust Emission)は本書で取り扱っているエンジンを搭載した乗用

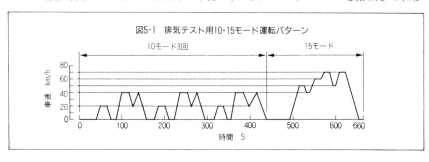

図5-1　排気テスト用10・15モード運転パターン

車の場合,国内では図5-1のテストモードをシャシーダイナモメーター上で走行したときのキロメーター当たりの排出グラム数, g /kmで評価される。車両総重量が2500 kg以下の乗用車は,1991年11月1日から導入された10・15モードの平均値でHC：0.25 (0.39), CO：2.1(2.7), NO_x：0.25(0.48) g /km以下と規制されている。ここで( )内は許容限度を示す。また,濃度で表わす場合はHCとNO_xレベルはppm(Part Per Million, 百万分の一), COは％を用いる。なお,1％は10000ppmに相当する。

(1)排気中のHC, CO, NO_xの低減

　排気中の有害成分を低減する方法として,①シリンダー内での生成を少なくする(前処理方式),②排気ポート以降で酸化や還元を行い無害化する(後処理方式)という二つがある。排気レベルと運転性,燃費,コスト,耐久信頼性などとのバランスを考慮しながら,①と②を併用するのがふつうである。この二つの方式の内容をまとめて表5-1に示す。

　シリンダー内での有害排気三成分の生成は,空燃比に対して図5-2のようになることが知られている。海外の文献の中にはこの曲線のことをクラシックカーブと呼んでいる場合もある。COは理論的には理論空燃比より薄いところでは生成しないはずであるが,燃料中の炭素がCO_2への酸化途中でCOとしてフローズンされ,排出されるからである。また,他の説としては高温のため, $CO_2 \rightleftarrows CO+[O]$と熱解離を起こすためともいわれている。しかし,実際のエンジンでは理論空燃比において,COレベルは0.7％程度となる。また, HCレベルは空燃比が薄くなると徐々に低下するが,薄くなりすぎてミスファイアを起こすと急激に増大する。

　一方, NO_xレベルは空燃比が濃いところでは酸素不足と燃焼温度が低いため低いが,理論空燃比(14.7)より少し薄い15.5くらいのところでピークとなる。これは,この程度の空燃比ではまだ燃焼温度が高く,酸素も十分に存在するためである。そ

表5-1　排気清浄化技術の分類と内容

分　　類	対　策　の　方　法
前処理方式	●空燃比, 点火時期, 冷却水温のマッチング ●燃焼室形状, 圧縮比, バルブタイミング 　燃料の霧化促進などのハード側の改良 ●EGR
後処理方式	●二次空気噴射 ●サーマルリアクター ●酸化触媒 ●三元触媒(リーン三元触媒を含む)

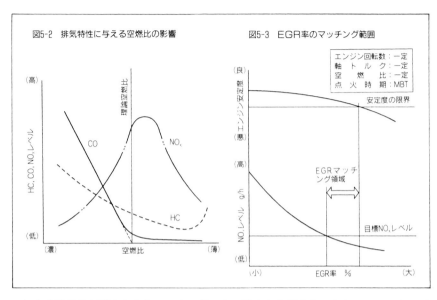

図5-2 排気特性に与える空燃比の影響
図5-3 EGR率のマッチング範囲

れより空燃比が薄くなると，シリンダー中に豊富な余剰酸素が存在しても温度が低くなるため，NO_xレベルは低下する。

　図5-2でHCが急増する空燃比やHC，NO_xレベルはエンジンによって異なるが，図のカーブの傾向は同じである。また，CO濃度はエンジンを問わず理論空燃比より濃いところでは，空燃比が1小さく(濃く)なると約2％の勾配で増大する。リーンエンジンはHC，CO，NO_xレベルがすべて低くなる薄い空燃比でも，安定した燃焼を維持できるように工夫がこらされている。

　HCやCOは比較的容易に触媒で低減できるが，NO_xの還元効率はHCやCOの酸化効率より低いことが多い。そこで，厳しいNO_x規制をクリアするためにはシリンダー中でのNO_xの生成をなるべく低く抑える，すなわち三元触媒入口のNO_xのレベルを下げておくことが必要になる。三元触媒を用いた排気対策システムにおいてもEGR(排気還流)を併用する場合がある。EGRによるNO_x低減の原理は，吸気に不活性ガス(排気)を混ぜて作動ガスの熱容量を増やせば燃焼時のピーク温度が下がり，NO_xの生成が少なくなる。ちょうど薪に水をかけて燃やすのと同じである。この還流排気の吸気に対する体積割合をEGR率と定義し，％で表わす。

　図5-3はエンジン回転数と軸トルクを一定とし，また空燃比を固定，点火時期は常にMBTにセットしながらEGR率を増大させていったときのNO_x排出レベルとエンジン安定度との関係を示す。

第5章　排出ガスの清浄化と騒音低減

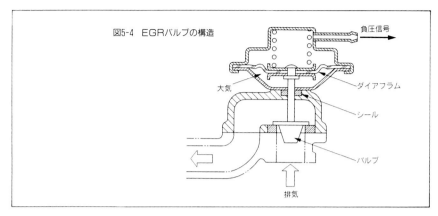

図5-4　EGRバルブの構造

　EGR率の増大とともにNO_Xは低減するが、同時にエンジン安定度も悪くなる。そこで、エンジンが実用上スムーズに回転する安定度を維持しながら、目標NO_Xレベルをクリアできる範囲がEGRのマッチング領域となる。なお、これまで窒素酸化物を総称してNO_Xとしてきたのは、N_2とO_2はさまざまな原子価で結びつくからである。たとえば、NO, NO_2, N_2O_5……と多くの化合物がある。そこで、ひとまとめにしてNO_Xと呼ぶ。図5-4にEGR制御バルブの構造を示す。

　次に排気ポート以降でのHC, CO, NO_Xの低減について述べる。ここで、表5-1中にあるHC, COを酸化し無害化するサーマルリアクターについては、高温を維持させるための空燃比を濃くして排気中の可燃物質の量を増大させる必要があり、燃費が悪く実用的でないので、ここでは省略する。

　排気バルブを通過した直後の高温の排気中に、空気を噴射して酸素を供給すれば、HCやCOを酸化することができる。ただし、これだけでは十分でなく、さらに排出

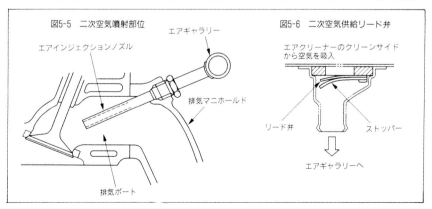

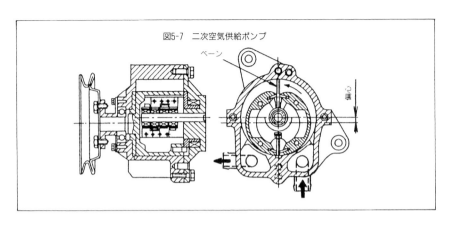

図5-7 二次空気供給ポンプ

レベルを下げるためには触媒が必要である。排気系に供給する空気を吸気に対し二次空気と称するが，その二次空気の噴出部分を図5-5に示す。空気が排気と良く混ざるように噴射ノズルを排気の上流に向かって噴射する場合が多い。エアギャラリーの上流には図5-6のようなリード弁を装着して，排気のブローダウンの直後に発生する負圧によって空気を導入したり，図5-7のようなエアポンプで空気を圧送する。ポンプの型式は無潤滑のベーン型で排気中にオイルが入らないような構造となっている。また，エアポンプを用いる場合，エアギャラリーの入口に逆止弁を設け，さらにバックファイアを防ぐためのアンティバックファイアバルブ（ABバルブ）が必要である。

　エンジンを良い状態で運転し，排気を効率良く清浄化するために触媒が用いられる。触媒物質としてはベースメタル系と貴金属系とがあるが，性能，耐久性および二次公害防止の観点から，自動車用としては貴金属系が採用されている。貴金属系触媒の場合，貴金属を担持する担体の上に触媒物質を含浸させる。この担体には粒状（ペレット）と一体型（モノリス）がある。ペレット触媒を充填した触媒コンバーターを図5-8に示す。ペレット触媒のアトリッション（触媒の摩耗による目減り）を防ぐため，触媒がベッド中を動きまわらないように，排気はダウンフローとし，すき間がないように触媒を充填する。

　これに対し，モノリス触媒はセラミックの担体の表面に活性アルミナ（γアルミナ）を薄くコーティング（ウォッシュコート）し，ここに触媒物質を担持させる。図5-9にモノリス触媒の構造を示す。触媒にマットを巻き，これを金網状のパッキングで抑え，ケースに内蔵される。担体の断面形状は図の右側に拡大したように，(a)の格子形，(b)の三角形や六角の蜂の巣形がある。また，(c)は金属製の担体の場合，薄い平

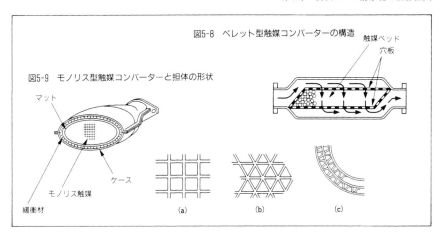

図5-8 ペレット型触媒コンバーターの構造

図5-9 モノリス型触媒コンバーターと担体の形状

板に波状に折った板を重ねて一体化した例を示す。これらの一体型の担体を用いた触媒をモノリスの他にハニカム型と呼ぶことがある。モノリス型触媒はペレット型にくらべ, 重量, ウォームアップ性, 耐摩耗性, 車両搭載性などの点で有利である。また, 金属性の担体は強度が高く, エレメントを薄くでき排気抵抗が小さく, さらに担体の形状の自由度が大きく, 排気の流れを制御できるなどの利点がある。

触媒物質としては, 酸化触媒の場合は白金-パラジウム(Pt-Pd)系が, 三元触媒には白金-ロジウム(Pt-Rh)系が用いられる。これに助触媒としてセリウム(Ce)やニッケル(Ni)などの酸化物が用いられる。触媒の性能を表わす指標として転換効率が用いられる。転換効率ηは触媒入口の排気成分濃度C_iと出口濃度C_oとで, 次のように定義されている。

$$\eta = 1 - \frac{C_o}{C_i}, \quad または \eta = \left(1 - \frac{C_o}{C_i}\right) \times 100\%$$

この転換効率は排気成分, 触媒温度や触媒コンバーターの大きさにもよるが, 三元触媒の場合, 大体図5-10のような特性となる。この図からわかるように, 理論空燃比を中心に狭い幅(ウインド)に空燃比を制御すれば, 三成分ともに大きな転換効率が得られる。空燃比をウインド内に制御するために図5-11のような特性をもつO_2センサーが用いられる。O_2センサーの出力は理論空燃比のところで大きく変化するため, スライスレベルを決め(たとえば0.6V), これより出力が高ければリーン側に, 低ければリッチ側に空燃比が変化するようにフィードバック制御する。この制御方法は比例制御と積分制御を併せた方式が多く用いられる。

図5-12にO_2センサーの構造を, 図5-13にその外観を示す。また, リーンエンジン

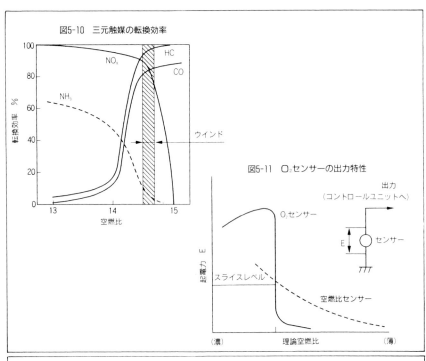

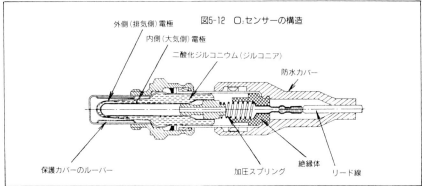

では図5-11に点線で示したような特性をもつ傾斜型の空燃比センサーが用いられる。O_2センサーの出力はオンオフ的で一定の空燃比に制御するのに適しており，傾斜型のセンサーはスライスレベルを変えることにより，任意の空燃比にフィードバック制御することができる。

この他に，触媒システムとして還元触媒と酸化触媒を組み合わせる方式もあるが，

第5章　排出ガスの清浄化と騒音低減

図5-13　O₂センター

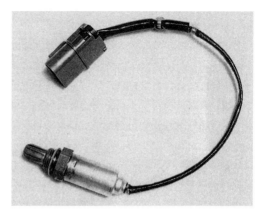

表5-2　触媒の劣化と破損の分類

区　別	現　象	原　因
活性の劣化	熱劣化 被毒劣化	オーバーテンペラチャー ガソリン中のPb，Sやオイル中のSなど
物理的破損	溶損 触媒層剝離 クラック	エンジンのミスファイア サーマルショック 振動や排気脈動

問題が多く実用化されていないので省略する。排気対策として触媒を用いる場合，触媒劣化と溶損などが問題となる。これらをまとめて表5-2に示す。

(2)ブローバイ対策

ピストンとシリンダーのすき間を通ってクランクケースにもれるブローバイガス中には，多量のHCが含まれており，そのまま大気中に放出することは禁じられている。その対策技術としては，単にクランクケース内とエアクリーナーのダーティサ

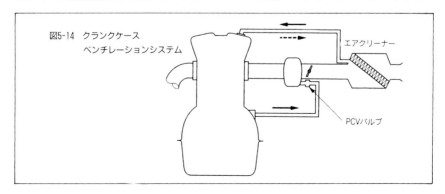

図5-14　クランクケースベンチレーションシステム

エアクリーナー

PCVバルブ

209

イドとを連通させただけのクローズドタイプと図5-14のようなシールドタイプとがある。ブローバイガス中には水分が含まれており、かつ酸性であるためエンジンオイルを汚したりエンジン内部を錆させたりする。そのため、クランクケース内を積極的にベンチレートさせることが必要になる。

クローズドタイプはPCV(Positive Crankcase Ventilation)方式とも呼び、また、ブローバイガス流量を制御するためPCVバルブが装着されている。このシステムの構成は、エアクリーナーのクリーン側とヘッドカバー内を連通させ、一方、クランクケース内はPCVバルブを介して吸気マニホールドとつながっている。吸気マニホールド内に負圧が発生しているときには、PCVバルブを経由してクランクケース内のガスは吸気マニホールドに吸引される。吸気中にクランクケース内のガスが混ざると空燃比セットが狂うため、その流量をコントロールする必要がある。

PCVバルブの構造を図5-15に示す。弁体はスプリング力と前後の圧力差とのバランスでリフトを取ったり、ラインの途中を遮断したりする。その流量特性は図5-16のようになっており、吸入負圧度が高く、少しの流量でも空燃比が大きく変化する領域では制御流量は少なくなる。また、吸入負圧が0になれば、当然流量も0となる。一方、ブローバイガスの発生量が、たとえば図中の点線のようになっていたとすると、実線と点線との差の量の空気がエアクリーナーからヘッドカバーやクランクケース内を通って吸引される。その空気でエンジン内を清掃し、オイルの劣化を防ぐ。また、負圧がなくなると図5-14の点線の矢印のようにエアクリーナー内に流れ、クランクケース内の圧力が高くならないようにする。一般にクランクケース内

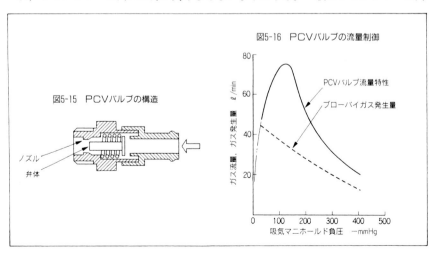

図5-15 PCVバルブの構造

図5-16 PCVバルブの流量制御

の圧力を－50mmAq～＋30mmAqに保つようにベンチレーションシステムを設計する。

(3)燃料の蒸発損失対策

　燃料タンクやキャブレターからの蒸発物はHCであり，燃料の蒸発量は規制されている。燃料噴射式のエンジンの場合，燃料蒸気のほとんどは燃料タンクから発生している。燃料タンクからの燃料蒸気は図5-17のような活性炭ベッドに一時吸着させ，ブローバイガスの処理と同様にエンジンの運転に支障が生じない条件下で吸気マニホールドに吸入させる。このとき，キャニスター下部のフィルターを通して新気が活性炭ベッドへ導かれ，活性炭をリフレッシュする。これをパージと呼ぶ。吸気マニホールドへの通路のオンオフはパージコントロールバルブの開閉で行い，流量はオリフィスで制御する。図中の実線の矢印は吸着時の燃料蒸気の流れ，点線のそれはパージ時の空気の流れを示す。吸着性能と耐久性の点から，活性炭はヤシガラ炭が多く使われている。

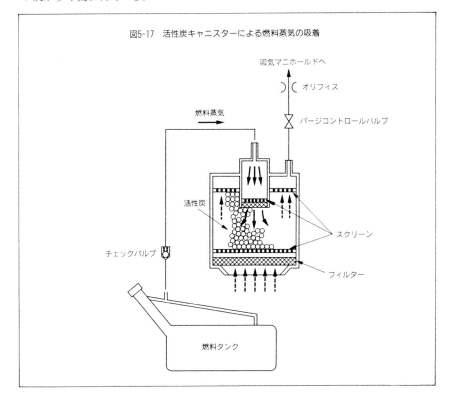

図5-17　活性炭キャニスターによる燃料蒸気の吸着

5-2. エンジン騒音の低減

　自動車からの騒音放射は排気と同様に規制されている。自動車の車外騒音の発生源としてはエンジン，排気系，排気の吐出，冷却ファン，タイヤ，変速機，風切りによるものなど数多いが，エンジン騒音を低減しておかないと，とくに加速騒音をクリアすることは難しい。また，エンジン騒音の低減は車内の静粛化にもつながり，商品性の向上にも寄与する。車内騒音には，エンジンや伝系の振動が車体のパネルを振動させて発生する固体伝播音と，エンジンから放射される音がパネルを透過して車室内に伝わる空気伝播音とがある。とくに車内騒音の高周波成分は，エンジンから放射された騒音の透過音である。ここでは，車外騒音として問題となる高周波のエンジン騒音の発生メカニズムと，低減技術について述べることにする。

(1) エンジン騒音発生メカニズム

　まず，エンジンの騒音特性を例に音の単位について説明する。エンジン騒音の周波数特性の例を図5-18に示す。これは1.8ℓの4シリンダーエンジンを音の反射のない無響のダイナモメーター上で運転し，エンジンを包む球面を通過する音響エネルギーを測定して，デシベル(dB)表示したものである。なお，厳密には球面上の多数の点でマイクロホンによって音圧を測定し，これに面積を乗じて区分求積的に求めている。図の縦軸は基準を10^{-12}Wとしてデシベルで表わし，横軸は1/3オクターブバンドの中心周波数を示す。1/3オクターブバンドとは，100Hzの次は125Hz，その次は

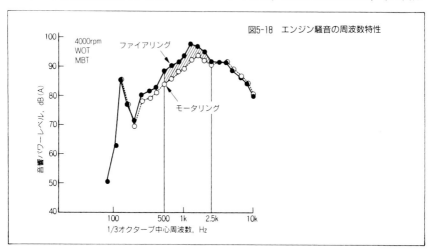

図5-18　エンジン騒音の周波数特性

160Hz，200Hzであり，それぞれ$2^{1/3}$倍になっていくことを示す。音響パワーレベルをL，測定した音響エネルギーをPワットとすると，Lは次式で表わせる。

$$L = 10 \log \frac{P}{10^{-12}} \text{ dB}$$

図中でdBの後に(A)とあるのはAスケールの聴感補正をした値であることを示す。また，WOTはWide Open Throttleの略で，音振を論ずる際によく使われる。

Lを表わす式から分かるように，もしPが2倍になったとすると，$10\log2 \fallingdotseq 3$dBだけLは増大する。逆に10dBの増大はPが10倍になったことを意味する。一方，健康な人の耳で聞こえる音の周波数の範囲は16Hz～16kHzで，最低の音響密度は10^{-12}W/m^{2}であるといわれている。ちなみに，100dB(A)(日本では100ホンとも称している)の音とは$10^{-12} \times 10^{10} = 10^{-2}$W/m^{2}の強さとなる。ここで，単位面積当たりの音響エネルギーは音圧の二乗に比例しており，0dBは2×10^{-5}Paに相当する。

図5-18の通り0.5～2.5kHzの高周波成分の騒音レベルが高く，またファイアリング時とモータリング時の差が大きい。モータリング時の騒音はエンジンが回転するだけで発生してしまう音で，ほぼ機械騒音ということができる。ピストンとシリンダー，ジャーナルとベアリングの間隙で当たり合う音や動弁系の騒音，オイルポンプやオルタネーターなどの音である。ファイアリング運転時とモータリング時との差がほぼ燃焼騒音となり，エンジンの騒音レベルにこの0.5～2.5kHzの音が大きな影響を与えている。燃焼によって騒音レベルが増大するのは，この周波数帯にシリンダーブロックの固有振動数が存在することによる。図5-19はシリンダーブロックの振

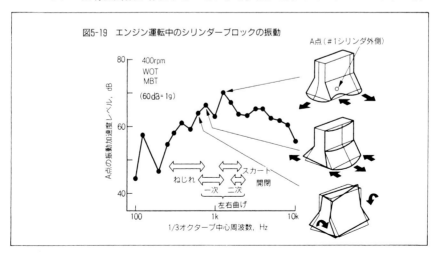

図5-19　エンジン運転中のシリンダーブロックの振動

図5-20　エンジン本体の振動状態(ホログラフィ写真)

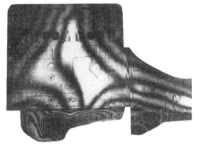
ねじれ振動(480Hz)

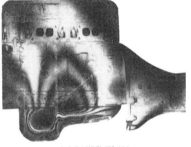
左右曲げ振動(734Hz)

動特性を示す。図の右側に示すような各振動モードの周波数で振動レベルは高くなっている。この特性は図5-18の騒音特性とはよく一致する。

第2章でも述べたが、シリンダーブロックはエンジンの最大の強度部材であり、その振動特性はエンジン騒音特性を大きく支配する。図5-20は吸排気マニホールドを外した変速機付きのエンジンを加振した際のホログラフィ写真である。振動による変位が等高線状に現われている。一縞がアルゴンレーザー光の波長の1/4に相当する$0.126\mu m$の変位を示す。左の写真は、ねじれ振動の固有振動数の480Hzで加振したときの振動の状態である。中央の白い菱形の部分が節(動かない部位)となり、右上と左下、左上と右下が同相となって、ねじれ振動を起こしていることを示している。注目すべき点は、オイルパンの縞目が密になっており、激しく振動していることである。エンジンの強度部材が振動すると、これに取り付けられているカバー類はさらに激しく励振させられる。したがって、エンジンの本体構造の剛性向上は大切である。また、右の写真は左右方向の曲げ振動が発生している状態である。これについても、ねじれ振動の場合や同様にオイルパンが激しく振動している。

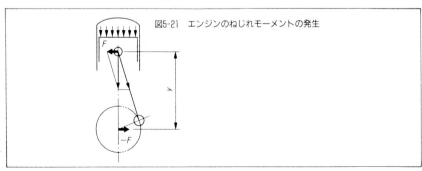
図5-21　エンジンのねじれモーメントの発生

ねじれ振動を例にとって，燃焼ガス力によりこれが発生するメカニズムを図5-21で説明する。すでに述べたように膨張行程時には，ピストンはスラスト側のシリンダー壁を強く押す。一方，その反力としてクランクシャフトを支持する主軸受(メインベアリング)には大きさが同じで方向が逆の力，すなわち反力が発生する。これらの力を$F, -F,$ またその作用点間の距離をyとすると，シリンダーブロックには$F \times y$のねじりモーメントが働いていることになる。このモーメントでねじれ変形しているシリンダーブロックが，ガス圧力が急に低下する膨張行程の中期で瞬時にこの偶力から解放されると，固有の振動数で振動しだす。

また，シリンダーブロックの左右曲げ振動の発生には，クランクシャフトのねじれ振動が大きく関係している。筆者の解析結果では4シリンダーエンジンの場合，エンジンの一秒間の回転数(回/秒)の偶数倍($2n$倍，$n=1, 2$……)が，クランクシャフトの固有振動数と一致すると，クランクシャフトは激しく共振し，ねじれ振動を起こす。さらに，シリンダーブロックの左右曲げ振動の固有振動数が回転数の$(2n+1)$倍となると，シリンダーブロックは一層激しく振動しだす。このクランクシャフトのねじれ振動が，なぜシリンダーブロックの左右曲げ振動に変換されるかについては，説明が長くなるので省略する。また，これまで説明を単純化するためシリンダーブロックを中心にねじれや左右曲げ振動発生メカニズムについて述べてきたが，シリンダーブロックをシリンダーヘッドや次項で説明するベアリングビームを装着した状態でのエンジン強度部材と置き換えて，ご理解いただきたい。

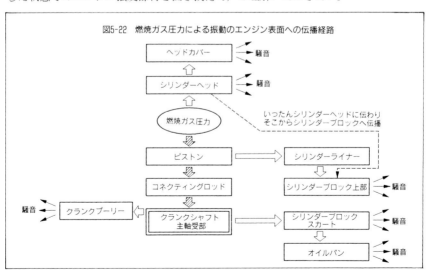

図5-22 燃焼ガス圧力による振動のエンジン表面への伝播経路

燃焼ガス圧力によってエンジンの表面が振動し，騒音を放射させる過程を解析すると，図5-22のようになる。これはシリンダー内にプロパンガスと空気の濃合気を封入して，単発燃焼させて調べた結果である。燃焼によるガス力は燃焼室とピストンに等しく作用する。これによって発生する振動はピストンからコネクティングロッド，クランクシャフトに伝わり，主軸受からシリンダーブロックのスカートを振動させ，さらにオイルパンを加振する経路と，ピストンからシリンダーブロック上部を加振する経路およびシリンダーヘッドからヘッドカバーを加振し，一部は図中の点線のようにシリンダーヘッドからブロック上部へと伝達する経路が考えられる。このうちで，エンジン騒音の発生にもっとも影響が大きいのは，クランクシャフトと主軸受を通る経路の加振力である。

　次に，エンジン各部からの騒音放射特性について述べる。エンジンを無響室でファイアリング運転し，エンジン各部から放射された騒音を音響エネルギーとして求め，放射割合を図5-23に示す。また，放射部位の面積当たりの放射割合を騒音放射密度として併記した。このようにシリンダーブロックとオイルパンおよびクランクプーリーで，エンジン騒音の58％を放射している。また，クランクプーリーの騒音放射密度が大きいのは，クランクシャフトの振動をスピーカーのコーンのように直接音に変換し，放射するからである。

　前出の図5-18で，とくに1.25kHzの騒音レベルが大きい。これと図5-19とをくらべ

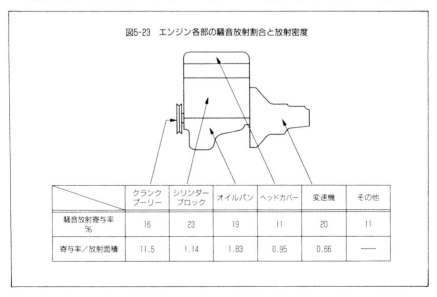

図5-23　エンジン各部の騒音放射割合と放射密度

	クランクプーリー	シリンダーブロック	オイルパン	ヘッドカバー	変速機	その他
騒音放射寄与率 ％	16	23	19	11	20	11
寄与率／放射面積	11.5	1.14	1.83	0.95	0.66	——

第5章　排出ガスの清浄化と騒音低減

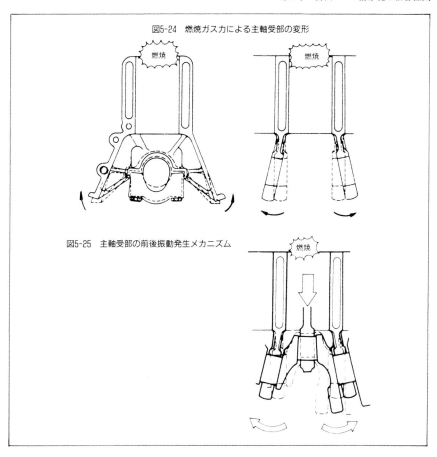

図5-24　燃焼ガス力による主軸受部の変形

図5-25　主軸受部の前後振動発生メカニズム

ると，シリンダーブロックのスカート部の振動が影響していると考えられる。スカート部はシリンダーブロックの他の部分より剛性が小さく振動しやすい。これはシリンダーブロックの各部をたたいてみると，スカート部は音を発しやすいことからも感覚的に理解できる。

　ピストンに強大な燃焼ガス力が作用すると，その力はクランクシャフトのメインジャーナルから主軸受に入力する。これにより図5-24の左のように，主軸受は点線から実線の状態に変形する。これに伴ってスカート部は上へはね上がるように変形させられる。一方，図の右側のように，主軸受部は力の方向とは直角方向に傾倒する。これは図5-25のように，クランクシャフトが微視的に曲がり，主軸受部がこれに沿った形で互いに離れるように倒れるからである。

217

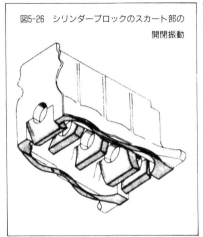

図5-26 シリンダーブロックのスカート部の開閉振動

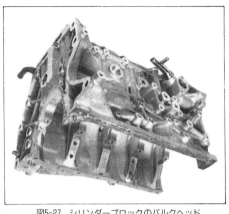

図5-27 シリンダーブロックのバルクヘッド
頑丈そうに見えるバルクヘッドでも前後方向に振動する。

スカート部はシリンダーブロックの他の部分より剛性が小さく，振動しやすい。このスカート部分の開閉振動は，クランクシャフトを支持する主軸受の前後方向の自由振動によって引き起こされている。これは燃焼ガス圧力のピークが過ぎると，図5-25のように前後に傾倒されていた主軸受部は，その拘束から急に開放され，固有振動数で振動する。一方，この主軸受の両側を連結するスカート部は二つの主軸受が近づくとふくらみ，離れるとすぼまるように変形されるからである。その様子を模式的に図5-26に示す。一般に，主軸受部の前後方向の固有振動数は1.25kHz近くに存在する。また，スカートの膜振動の固有振動数がこの近くにあると，その振動

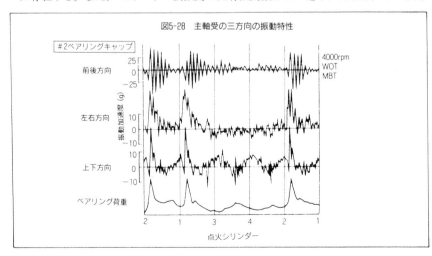

図5-28 主軸受の三方向の振動特性

は一層助長される。図5-28は1番と2番シリンダーの中間に位置する第2主軸受キャップの上下，左右および上下方向の振動特性を示す。上下や左右方向の振動加速度は複雑な波形であるが，図の最上段の前後方向の振動加速度は単純な波形となり，固有振動数で振動していると考えられる。また，振動加速度レベルも他より高い。

(2)騒音低減対策

　高周波成分が多く耳ざわりな燃焼による騒音は，主にシリンダーブロックの設計に大きく影響される。シリンダーブロックの静剛性，動剛性はともに重要である。静剛性が小さいと燃焼ガス力による初期変形が大きく，したがって蓄えられる弾性エネルギーも大となる。また，動剛性は振動しにくさのことであり，これが小さいと容易に振動する。共振点が低いほど減衰が利かず振動レベルは大きくなる。一般に，少しでも高周波側にもっていくように設計するのが音振的には無難である。ところが，経済的に入手しやすい材料でふつうの設計をすれば，シリンダーブロックのねじれ，左右曲げ，主軸受の前後振動やスカートの膜振動の固有振動数は500Hz～2.5kHzの範囲であり，クランクシャフトのねじれや曲げの固有振動数は800Hzを越えることはない。

　前項で述べたように，クランク主軸受部の剛性が騒音レベルに大きく影響しているので，この部分の剛性向上が大切である。そこで，主軸受の倒れ振動を防止し，シリンダーブロックのねじれや曲げ剛性を高める手段として，ベアリングビームが用いられるようになった。ベアリングビームは，ベアリングキャップの下端を互いに連結し，一体化させる技術である。単にベアリングキャップの下端中央部を一本のビームでつなぐ一本ビーム式と，ベアリングキャップ下端の両側を連結する双胴ビーム式とがあり，さらにビームをボルトで締結する方式と，ビームとキャップを一体で鋳造成形するものとに分けられる。

　図5-29は，一体型の双胴式のベアリングビームをハーフスカート式のシリンダーブロックに装着した例である。その騒音低減効果を図5-31に示す。3dB低減すると音響エネルギーは半減すると前に述べたが，問題となる周波数域で効果を発揮している。また，一体型の双胴ビームは一本ビーム式にくらべ，シリンダーブロックのねじれや左右曲げ剛性の向上にも効果がある。生産性を考えると，ベアリングキャップの下端を加工してフラットにし，双胴式のベアリングビームをボルトで締結する方式が有利である（図5-32）。

　シリンダーブロックの剛性向上策として，アッパーデッキ，ロアーデッキおよび

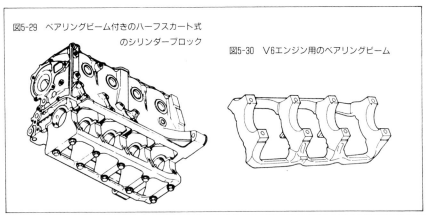

図5-29 ベアリングビーム付きのハーフスカート式のシリンダーブロック

図5-30 V6エンジン用のベアリングビーム

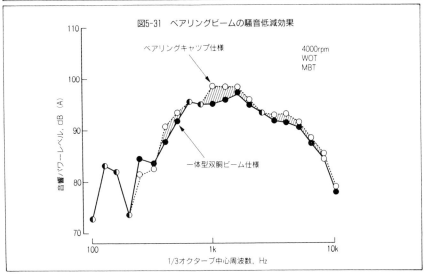

図5-31 ベアリングビームの騒音低減効果

バルクヘッドの強化やリブによる方法については第2章で説明したので，ここでは省略する。剛性向上はほとんどの場合重量増加を伴うため，トレードオフを考慮しながら重量効果を最大限に発揮させるようにする。たとえば，ほとんど重量を増加させずにシリンダーブロックのねじれ剛性を向上させる方法として，図5-33のように断面形状を台形とし，クランクケースの下部を円弧として，これとスムーズにつなげる方法がある。これにベアリングビームを併用すると，さらに効果は大きくなる。しかし，この方法は軽金属製のオープンデッキ式のシリンダーブロックに適用するのは難しい。それは，ウォータージャケットを成形する金型中子を上方に抜き

第5章　排出ガスの清浄化と騒音低減

図5-32　ベアリングキャップと別体型の双胴ビーム

ベアリングキャップの下端を平らに加工し，ビームをキャップと共締めする。

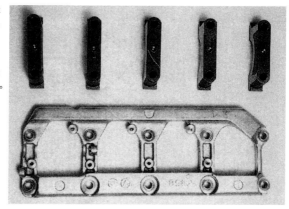

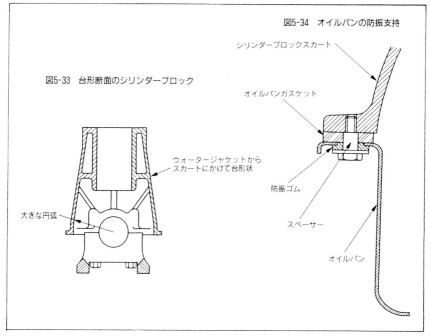

図5-33　台形断面のシリンダーブロック

図5-34　オイルパンの防振支持

にくくなるからである。

次に，オイルパンからの騒音放射を低減するため，図5-34のようにガスケットと防振ゴムによりオイルパンの振動を遮断しながら，シリンダーブロックに取り付けることもある。また，カバー類を図5-35のような中間に振動のダンピング材をはさんだ制振鋼板とすることも考えられる。ただし，この場合ダンピング材の温度特性

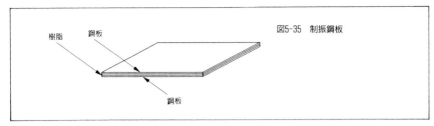

図5-35 制振鋼板

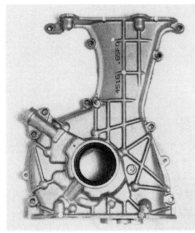

図5-36 アルミ合金製のフロントカバー

振動を効果的に抑制する位置にリブを設け，動剛性を向上させている。

を考慮する必要がある。オイルパンの剛性を上げて対策する場合，バッフルプレートを強度部材として使ったり，ビードをつけて曲面部を多くする方法がとられる。コストに余裕がある場合には，軽金属の鋳物製を採用することも可能である。ここで，大切なことはオイルパンでエンジンオイルを冷却しなければならないことで，放熱性を十分に考えておく必要がある。

　一方，シリンダーヘッドは吸排気ポートや点火プラグボスが強度部材となるため，剛性は高く騒音放射レベルは低い。しかし，ヘッドカバーからの騒音は，図5-23のようにエンジンの騒音特性に影響を与える。そのためヘッドカバーも防振支持したり，振動のダンピングが大きい樹脂製として騒音低減を図ることもある。ヘッドカバーをアルミダイキャスト製として剛性を上げても，固いガスケットを介して強固にシリンダーヘッドに結合した場合，あまり騒音低減効果は期待できない。

　これまでに述べたエンジン騒音を低減するコンセプトは，
①剛性を上げて振動しにくくする，あるいは固有振動数を上げる。
②振動が伝わらないように防振支持をする，または振動のダンピングの大きい材料

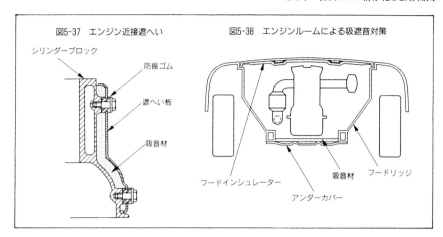

図5-37 エンジン近接遮へい　　図5-38 エンジンルームによる吸遮音対策

を使用する。
③騒音放射面積を減らす。
　以上は，騒音放射部位の対策である。しかし，この音源対策の他に，
④遮へいしたり吸音する方法，がある。
　図5-37は近接遮へいあるいは表面遮へいと呼ばれるもので，防振支持された遮へい板で発音部をおおい，放射された騒音が外部の空気に伝わらないようにする方法である。しかし，遮へい板が振動したり，遮へい板のまわりから音がもれると効果はない。そのため，吸音材を併用して音響エネルギーを吸収することが必要である。
　また，一度放射された騒音を車外に出さないという試みとして，エンジン全体を箱で囲むエンジンエンクロージャー式も考えられるが，音とともに熱も囲い込んでしまうため問題が多く，まだ実用化されていない。しかし，エンジンを一部遮へいして騒音が空気伝播音として外部に伝わるのを少しでも防ぐ方法として，図5-38の

図5-39　吸気音低減用のレゾネーター
　　　　　（共鳴器）

ようにフード(ボンネット)やアンダーカバーを積極的に用いるのが現実的である。エンジンオイルが吸音材に汲み込んだりしないように表皮をつけたり，エンジン下面に配設する吸音材には発泡金属を用いたりする。

　この他に，吸気音の低減としては，前に述べたヘルムホルツの共鳴器を用いたり，ファン騒音に対しては流体カップリングの装着，電動ファン化，ファンブレードの改良などがある。

おわりに

　オットーが自動車用ガソリンエンジンの原型である4サイクルエンジンを発明して，すでに140年以上が経過している。その間にいろいろな改良が加えられてきたが，まだ完成されたとは言いがたい。確かに，現時点で使われているエンジンは自動車用として課せられた要求を満たしている。

　しかし，かつての排気や騒音などのように新たな社会的なニーズが現れると，それに対応して技術は進歩する。地球温暖化対策として，従来の燃費対策とは別の次元の熱効率の改善が要求されると，またその方向の技術が急速に進歩する。ハイブリッドシステムとして，究極の総合熱効率を追求するのに最適なエンジンも必要になる。

　一方，新技術や新材料が開発されれば，それを適用して一段とレベルアップされる。シーズがリードする開発である。かつて，電子制御技術を採用することにより，空燃比や点火時期の制御に革命をもたらした。それまでの機械式の制御では不可能であった運転変数を自由自在にセットできるようになった。

　また，現在のピストン・クランク機構にまさるメカニズムは実用化されているとは言いがたい。だが，そのニーズが高まるとそちらの技術も進歩するだろう。エンジンは社会の要求に沿って進化してゆく。これほど多くのエンジニアが係わって，まだ発展の段階にある機械はまれである。そこにエンジニアの夢がある。

　　　　　　　　　　　　　　　　　　　　　　　　　　　　林　義正

参考文献
- 『レーシングエンジンの徹底研究』 林義正　グランプリ出版　1991. 10
- 『レース用NAエンジン』 林義正　グランプリ出版　1993. 11
- 『日本のレーシングエンジン』GP企画センター編　グランプリ出版　1994. 5
- 『高性能エンジンとは何か』 石田宜之　グランプリ出版　1991. 3
- 『スカイラインGT-Rレース仕様車の技術開発』 石田宜之，山洞博司
　　　　　　　　　　　　　　　　　　　　　　　グランプリ出版　1994. 11
- 『自動車技術ハンドブック』 自動車技術会編　自動車技術会　1991. 3
- 『自動車工学便覧』 自動車技術会編　自動車技術会　1983. 9
- 『内燃機関』 木村逸郎，酒井忠美　丸善株式会社　1980. 3

索 引

〈ア行〉

- I型(コネクティングロッド)・・・・・・・・・・・・・112
- アイドリング・・・・・・・・・・・・・・・・・・・・・・・31
- 圧縮比・・・・・・・・・・・・・・・・・・・・・・・・22, 46
- アルミブロック・・・・・・・・・・・・・・・・・・・・・68
- EGR制御バルブ・・・・・・・・・・・・・・・・・・・・205
- EGR率・・・・・・・・・・・・・・・・・・・・・・・・・・204
- イジェクター効果(排気系)・・・・・・・・・・・・161
- 一体型オイルリング・・・・・・・・・・・・・・・・109
- インタークーラー・・・・・・・・・・・・・・・・・・191
- インライン型(バルブ配置)・・・・・・・・・・16, 17
- ウイングターボ・・・・・・・・・・・・・・・・・・・・190
- ウエストゲートバルブ・・・・・・・・・・・・・・・187
- ウエストバルブ・・・・・・・・・・・・・・・・・・・・132
- ウエッジ型(くさび型)燃焼室・・・・・・・・・・・17
- ウエットライナー・・・・・・・・・・・・・・・・・・・68
- ウォータージャケット(シリンダーブロック)・・・・74
- ウォータージャケット(シリンダーヘッド)・・・・94
- ウォーターポンプ・・・・・・・・・・・・・・・・・・175
- エアクリーナー・・・・・・・・・・・・・・・・・・・・168
- エアフローメーター・・・・・・・・・・・・・・・・166
- 液冷式・・・・・・・・・・・・・・・・・・・・・・・・・・171
- SIエンジン・・・・・・・・・・・・・・・・・・・・・・・・12
- SOHC式(シングルオーバーヘッドカム)・・17, 77
- S/V比・・・・・・・・・・・・・・・・・・・・・・・・18, 85
- H型(コネクティングロッド)・・・・・・・・・・・112
- NO_x・・・・・・・・・・・・・・・・・・・・・・・203, 204
- MBT・・・・・・・・・・・・・・・・・・・・・・・・45, 196
- LLC・・・・・・・・・・・・・・・・・・・・・・・・・・・・171
- LBT・・・・・・・・・・・・・・・・・・・・・・・・48, 196
- エレメント・・・・・・・・・・・・・・・・・・・168, 181
- エンタルピー・・・・・・・・・・・・・・・・・・・・・・55
- エントロピー・・・・・・・・・・・・・・・・・・・・・・56
- O_2センサー・・・・・・・・・・・・・・・・・・162, 207
- オイル下がり・・・・・・・・・・・・・・・・・・・・・137
- オイルパン・・・・・・・・・・・・・・・・・・・・・・・98
- オイルフィルター・・・・・・・・・・・・・・・・・・181
- オイルポンプ・・・・・・・・・・・・・・・・・・・・・179
- オイルリング・・・・・・・・・・・・・・・・・・・・・108
- OHV(オーバーヘッドバルブ)式・・・・・・・16, 77
- オートサーミック式・・・・・・・・・・・・・・・・104
- オーバリティ(ピストン)・・・・・・・・・・・・・・104
- オープンデッキ式(シリンダーブロック)・・・・67
- オットーサイクル・・・・・・・・・・・・・・・・・・・20
- オフセットピンピストン・・・・・・・・・・・・・104

〈カ行〉

- 加圧キャップ・・・・・・・・・・・・・・・・・・・・・176
- 外接インボリュートギアポンプ・・・・・・・・179
- 回転イナーシャ・・・・・・・・・・・・・・・・・・・201
- 回転角加速度・・・・・・・・・・・・・・・・・・・・・52
- 回転慣性モーメント・・・・・・・・・・・・・・・・125
- 回転数・・・・・・・・・・・・・・・・・・・・・・・・・・51
- カウンターウエイト(クランクシャフト)・・・119
- 火炎の伝播速度・・・・・・・・・・・・・・・・・・・・45
- ガスタービン車・・・・・・・・・・・・・・・・・・・・11
- ガス流動・・・・・・・・・・・・・・・・・・・・・・・・・82
- 活性炭キャニスター・・・・・・・・・・・・・・・・211
- カム作動角・・・・・・・・・・・・・・・・・・・・・・141
- カムジャーナル・・・・・・・・・・・・・・・・・・・146
- カムシャフト・・・・・・・・・・・・・・・・・・91, 139
- カムプロフィール・・・・・・・・・・・・・・・・・・143
- カムベアリング・・・・・・・・・・・・・・・・・・・・92
- カルノーサイクル・・・・・・・・・・・・・・・・・・・56
- 乾式ライナー・・・・・・・・・・・・・・・・・・・・・・68
- 慣性効果(吸気系)・・・・・・・・・・・・・・・・・154
- 機械効率・・・・・・・・・・・・・・・・・・・・・・・・・37
- 機械式ディストリビューター・・・・・・・・・・184
- 機械損失・・・・・・・・・・・・・・・・・・・・・・・・・37
- 吸音型(マフラー)・・・・・・・・・・・・・・・・・169
- 吸気バルブ・・・・・・・・・・・・・・・・・・・・・・130
- 吸気マニホールド・・・・・・・・・・・・・・・・・154
- 急速燃焼・・・・・・・・・・・・・・・・・・・・・・・・・45
- 吸入効率・・・・・・・・・・・・・・・・・・・・42, 155
- 吸排気ポート・・・・・・・・・・・・・・・・・・・・・87
- 強制潤滑方式・・・・・・・・・・・・・・・・・・・・178
- 共鳴拡張型(マフラー)・・・・・・・・・・・・・・169
- 共鳴型(マフラー)・・・・・・・・・・・・・・・・・169
- 空気過剰率・・・・・・・・・・・・・・・・・・・・・・・48
- 空燃比・・・・・・・・・・・・・・・・・・・・・・・・・・42
- 空燃比センサー・・・・・・・・・・・・・・・162, 208
- 組み立て式オイルリング・・・・・・・・・・・・109
- クランクシャフト・・・・・・・・・・・・・・・・・・114
- クランクシャフトの剛性・・・・・・・・・・・・・116
- クランクシャフトのねじれ振動・・・・・・・・215
- クランクプーリー・・・・・・・・・・・・・・・・・・127
- クレセント付き内接インボリュートギアポンプ・・・180
- クローズイン(コネクティングロッド)・・・・113
- クローズドデッキ式(シリンダーブロック)・・67
- 原動機・・・・・・・・・・・・・・・・・・・・・・・・・・・9
- コア(ラジエター)・・・・・・・・・・・・・・・・・176
- コッター(バルブ系)・・・・・・・・・・・・・・・・133
- コネクティングロッド・・・・・・・・・・・・・・110
- コルゲートフィン型(ラジエター)・・・・・・・175
- コレクター(吸気系)・・・・・・・・・・・・・・・156
- コレット(バルブ系)・・・・・・・・・・・・・・・・133
- コンデンサーディスチャージ式・・・・・・・・184
- コンプレッサーインペラー・・・・・・・・・・・188
- コンプレッションハイト・・・・・・・・・・・・・102
- コンプレッションリング・・・・・・・・・・・・・106

〈サ行〉

- サージング(バルブスプリング)・・・・・・・・136
- サーモスタット・・・・・・・・・・・・・・・・・・・173
- サイアミーズドシリンダー・・・・・・・・・・・・69
- サイドバルブ式・・・・・・・・・・・・・・・・・・・・15
- 作動ガス・・・・・・・・・・・・・・・・・・・・・・・・・32
- サバテサイクル・・・・・・・・・・・・・・・・・・・・25
- 酸化触媒・・・・・・・・・・・・・・・・・・・・・・・207
- 三元触媒・・・・・・・・・・・・・・・・・・・・・・・207
- 指圧線図・・・・・・・・・・・・・・・・・・・・・・・・36
- CO・・・・・・・・・・・・・・・・・・・・・・・203, 204
- シーケンシャルシステム(ターボ)・・・・・・191
- 時間損失・・・・・・・・・・・・・・・・・・・・23, 45
- 軸受定数・・・・・・・・・・・・・・・・・・・・・・・118
- 軸受面圧(クランク系)・・・・・・・・・・・・・・118
- 軸出力・・・・・・・・・・・・・・・・・・・・・・・・・・30
- 軸トルク・・・・・・・・・・・・・・・・・・・・・・・・・30

仕事率	27
湿式ライナー	68
自動バルブ間隙調整機構	139
集合型排気マニホールド	159
充塡効率	43
出力空燃比	48
出力修正式	54
蒸気エンジン	10
蒸気三輪車	10
小端部(コネクティングロッド)	111
正味出力	30
正味トルク	30
正味熱効率	39
正味馬力	37
正味平均有効圧	35
触媒コンバーター	169
シリンダーブロック	61
シリンダーブロックの振動特性	213
シリンダーヘッド	76
シリンダーヘッドの剛性	96
シリンダーヘッドボルト	70
シリンダーライナー	68
水冷式	172
スーパーターボシステム	193
スーパーチャージャー	191
スキッシュ	83
図示出力	30
図示トルク	30
図示熱効率	23, 39
図示平均有効圧	34
スナップリング(ピストンピン)	106
スプリットスカート型(ピストン)	104
スライドバルブ	154
スリッパースカート型(ピストン)	104
スロットルチャンバー	151
スロットルバルブ	152
スワール	82
静剛性	63
制振鋼板	221
絶対圧検出式(吸入空気量)	166
騒音放射特性	216
塑性域締結法	72

(タ行)

タービュレンス	84
タービンシャフトの軸受	188
ターボラグ	188
大端部(コネクティングロッド)	110
ダイナミックダンパー(クランク系)	127
ダイナモメーター	30
タイミングチェーン	147
タイミングベルト	148
ダブルスプリング(バルブスプリング)	136
タペット	137
単純拡張型(マフラー)	169
タンブルフロー	83
中空カムシャフト	146
直接噴射	86
直動式4バルブ	80
直流動力計	31
ツインスクロール型(ターボ)	190
ツインターボ過給システム	190

2サイクルエンジン	40
2バルブ	16
定圧サイクル	25
DOHC式	18, 77
ディーゼルエンジン	11
ディーゼルサイクル	24
ディープスカート式(シリンダーブロック)	65
ディストリビューター	184
ティモシェンコの等値長	117
定容サイクル	22
デュアル型排気マニホールド	159
デュアルモードダンパー付きクランクプーリー	128
点火エネルギー	183
点火コイル	182
点火時期	49, 196
点火プラグ	185
転換効率(触媒)	207
電気自動車	10
電子制御式燃料噴射システム	163
電子配電システム	182
テンショナーの張力調整機構	148
電動ファン	177
等価回転慣性モーメント	52
等加速度カム	142
動剛性	63
筒内噴射ガソリンエンジン	86
等ピッチバルブスプリング	135
等容度	47
当量比	49
独立点火方式	182
トップランド(ピストン)	102
ドライブプレート	126
トルク	28

(ナ行)

内接多数歯トロコイドポンプ	179
内部エレメント式拡張型(マフラー)	169
ナトリウム入りバルブ	132
二次空気噴射用排気マニホールド	162
ねじれ剛性(クランクシャフト)	117
熱勘定	38
熱機関	11
熱効率	22
熱発生率	45
熱力学	55
熱流束	94
燃焼解析装置	36
燃焼ガス圧力による振動	215
燃焼室	80
燃焼室のコンパクトさ	84
燃焼騒音	213
燃焼速度	81, 82
燃費	26
燃料消費率	39
燃料噴射量	166
ノッキング	197

(ハ行)

ハーフジャケット(シリンダーブロック)	74
ハーフスカート式(シリンダーブロック)	65
排気圧力	54
排気干渉	160

排気還流	45
排気規制	13
排気タービン	188
排気ターボ	186
排気バルブ	130
排気放出物	202
排気マニホールド	159
バスタブ型(燃焼室)	17
バタフライバルブ	154
歯付きベルト	148
バランスウエイト	122
馬力	28
バルブ	130
バルブオイルシール	136
バルブオーバーラップ	140
バルブ開口面積	78
バルブガイド	90
バルブクリアランス	138
バルブ作動角	141
バルブシート	90, 131
バルブスプリング	133
バルブタイミング	141
バルブの開閉運動特性	134
バルブの加速度特性	143
バルブ挟み角	84
バルブリフター	137
バルブリフトカーブ	141
半球型燃焼室	17
ハンバーエンジン	19
BSFC	39
PCV	210
PCVバルブ	210
PV線図	20
ピストン	101
ピストンスカート	105
ピストンストラップ	103
ピストンのオーバリティ	105
ピストンピン	102
ピストンリング	106
比燃料消費率	39
5バルブ式	19
フィードバック制御	208
V型アレンジ	16
V型バルブ配置	17
VC負圧	164
フィンチューブ型(ラジエター)	176
4ストロークサイクルエンジン	20
4バルブ	16, 18
不可逆変化	57
複合サイクル	25
不等ピッチスプリング	135
不平衡慣性力	121
不平衡偶力	122
フライホイール	124
フラッタリング(ピストンリング)	109
ブランチの長さ(吸気系)	156
フリクション	31, 52
ブレークダウン電圧	184
ブローダウン損失	23
ブローバイガス	209
噴射パルス幅	166
ベアリングビーム	219
平均有効圧	32
ヘッドカバー	97
ヘルムホルツの共鳴器	170
ペレット触媒	206
ペントルーフ型(燃焼室)	19, 86
膨張行程	19
ポリノミアルカム	144
ポンピング損失	23, 54

(マ行)

摩擦損失	31, 52
摩擦馬力	31, 37
摩擦平均有効圧	34
マッチング	41, 194
メインベアリング(シリンダーブロック)	72
モータリング時の騒音	213
モノブロック(シリンダーブロック)	67
モノリス触媒	206

(ヤ行)

有限要素法	116

(ラ行)

ラジエター	175
リテーナー(バルブ系)	132
リフトカーブ	134
理論サイクル	22
理論熱効率	21
冷却水温度	50
冷却損失	23
冷却ファン	176
冷媒	172
レシプロエンジン	19
ロータリーエンジン	11
ローラーチェーン	147
ロッカーアーム	79
ロッカーアーム式のバルブ駆動	149

(ワ行)

割り込み噴射	200

著者紹介

林　義正(はやし　よしまさ)　工学博士
1939年3月東京都生まれ。九州大学工学部航空工学科卒業。1962年日産自動車(株)入社。中央研究所(当時)で高性能エンジンの研究，排気清浄化技術の開発，騒音振動低減技術の開発などを経て，スポーツエンジン開発室長，スポーツ車両開発センター長を歴任。日産のレース活動を率い，全日本スポーツプロトカー耐久レース3年連続選手権獲得。米国IMSA-GTPレース4連続選手権獲得，第30回デイトナ24時間耐久レースで数々の記録を樹立して日本車として初優勝。1994年2月に退社。同年4月に東海大学工学部動力機械工学科教授に就任，総合科学技術研究所教授を歴任。2008年，学生チームとしてル・マンに世界初出場。2012年退官と同時に(株)ワイ・ジー・ケー最高技術顧問。主な受賞歴にSpirit of Le Mans Trophy，科学技術庁長官賞，日本機械学会賞，自動車技術会賞などがある。著書に『林教授に訊く「クルマの肝」』『レーシングエンジンの徹底研究』，『レース用ＮＡエンジン』，『エンジンチューニングを科学する』(共にグランプリ出版)，『世界最高のレーシングカーをつくる』(光文社新書)などがある。

乗用車用ガソリンエンジン入門

2018年11月21日　新装版初版発行

著　者	林　義正
発行者	小林謙一
発行所	株式会社グランプリ出版 〒101-0051　東京都千代田区神田神保町1-32 電話 03-3295-0005㈹　FAX 03-3291-4418 振替 00160-2-14691
印刷・製本	モリモト印刷株式会社

©2018 Printed in Japan　　　　　　　ISBN-978-4-87687-360-9　C2053